普通高等院校信息类专业系列教材

PUTONG GAODENG YUANXIAO XINXILEI ZHUANYE XILIE JIAOCAI

计算机网络实验指导

JISUANJI WANGLUO
SHIYAN ZHIDAO

主　编◎钟　静　熊　江

副主编◎冯宗玺　鄢　沛　吴　愚

U0379606

重庆大学出版社

图书在版编目(CIP)数据

计算机网络实验指导／钟静，熊江主编. — 重庆：
重庆大学出版社，2020.6
普通高等院校信息类专业系列教材
ISBN 978-7-5689-2078-0

Ⅰ.①计… Ⅱ.①钟…②熊… Ⅲ.①计算机网络—
实验—高等学校—教材 Ⅳ.①TP393-33

中国版本图书馆 CIP 数据核字(2020)第 062486 号

普通高等院校信息类专业系列教材

计算机网络实验指导

主编 钟 静 熊 江
副主编 冯宗玺 鄢 沛 吴 愚
责任编辑:章 可 版式设计:张 晗
责任校对:谢 芳 责任印制:赵 晟

*

重庆大学出版社出版发行
出版人:饶帮华
社址:重庆市沙坪坝区大学城西路 21 号
邮编:401331
电话:(023) 88617190 88617185(中小学)
传真:(023) 88617186 88617166
网址:http://www.cqup.com.cn
邮箱:fxk@ cqup.com.cn(营销中心)
全国新华书店经销
重庆市国丰印务有限责任公司印刷

*

开本:787mm×1092mm 1/16 印张:11 字数:276 千
2020 年 6 月第 1 版 2020 年 6 月第 1 次印刷
ISBN 978-7-5689-2078-0 定价:29.00 元

前 言

计算机网络是计算机科学技术发展最快的领域之一,它对人类的生活、工作、学习和科学研究的方式产生着越来越重要的影响。

计算机网络是普通高等院校计算机及相关专业的一门专业课程,它的主要任务是研究计算机网络的发展、原理和体系结构。在教学活动中,不仅要让学生深入领会和理解计算机网络的基本原理,还要让学生掌握实际的网络应用。因此,计算机网络课程的实践教学尤为重要。

本书基于实验教学的真实案例进行编写,其特点如下:

1.通过协议分析理解计算机网络的原理和体系结构,通过实际操作掌握计算机网络的基本技能应用,实现理论与实践相结合。

2.对实验环境要求低,尽可能采用 PC(个人计算机)、交换机、路由器等廉价设备,尽可能利用操作系统中丰富的网络功能,尽可能采用网络共享软件。

3.为了便于控制实验教学的质量,每个实验用时一般为 2 学时。

4.实验方式包括:动手安装、配置、操作网络硬件设备和网络软件应用系统,仿真实验。

本书分为组网实验,TCP/IP 协议分析,交换机、路由器配置,网络应用,网络应用编程实验 5 部分。其主要内容包括双绞线制作,TCP/IP 配置与测试,链路层、网络层、传输层、应用层基本协议分析,交换机/路由器配置,Windows Server 2008 R2 配置与应用,无线局域网组建,家庭宽带连网,计算机网络故障诊断与排除,网络编程等实验。教师在教学时可根据教学内容适当调整实验顺序,选择实验内容。

本书由钟静、熊江主编,冯宗玺、鄢沛、吴愚担任副主编。其中,实验一、实验二、实验四—实验十一由钟静编写,实验十二—实验十七由鄢沛编写,实验三、实验十八—实验二十三由冯宗玺编写,实验二十四由陈晓峰编写,实验二十五由熊江编写,实验二十六、实验二十七由吴愚编写。全书由钟静统稿,熊江审核。

在本书的编写和出版过程中,得到了重庆师范大学、重庆大学同仁的支持,在此一并表示衷心的感谢。由于时间仓促和作者水平有限,书中难免存在一些不妥之处,恳请广大读者在使用过程中及时提出宝贵意见与建议。

编　者
2019 年 10 月

目 录

第一部分

组网实验

◆ 双绞线的制作和测试

◆ TCP/IP 的安装、设置及测试

◆ 对等网的组建

实验一 网线的制作

一、实验目的

(1)熟悉以太网的网卡、交换机、路由器、双绞线等网络硬件设备。

(2)掌握双绞线的制作与测试。

二、实验设备与环境

超 5 类或超 6 类 UTP 双绞线、水晶头若干,网线钳两个,双绞线检测仪一个,交换机、路由器、计算机(安装 RJ-45 接口的网卡)若干台。

三、实验内容

每两人一组,剪取适当长度的双绞线,借助工具独立做一根双绞线,并用检测仪检测双绞线的连通情况。

四、实验原理

1.双绞线

非屏蔽双绞线(Unshielded Twisted Pair,UTP)是在塑料绝缘外皮里包裹着 8 根信号线,每两根信号线为一对,相互缠绕,总共形成 4 对。双绞线互相缠绕是为了利用铜线中电流产生的电磁场互相作用抵消邻近线路的干扰,并减少来自外界的干扰。

2.RJ-45 连接器

国际电工委员会和国际电信委员会(Electronic Industry Association/Telecommunication Industry Association,EIA/TIA)制定了 UTP 双绞线的国际标准,其中布线标准中规定了两种双绞线的线序 568A(见表 1-1)和 568B(见表 1-2)。制作双绞线所需的 RJ-45 连接器(俗称水晶头)前端有 8 个凹槽,凹槽内的金属接点共有 8 个,如图 1-1 所示。要特别注意水晶头引脚序号,当金属片面对我们时,从左至右引脚序号为 1—8,序号对于网络连线非常重要,不能颠倒。对 RJ-45 接线方式规定如下:

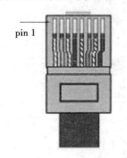
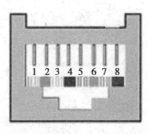

图 1-1　RJ-45 连接器

(1)1、2 脚用于发送,3、6 脚用于接收,4、5、7、8 脚是双向线。

（2）1、2 线必须是双绞，3、6 线必须是双绞，4、5 线必须是双绞，7、8 线必须是双绞。

表 1-1　EIA/TIA568A 标准

引脚顺序	介质直接连接信号	双绞线绕对的排列顺序
1	TX+(传输)	绿白
2	TX−(传输)	绿
3	RX+(接收)	橙白
4	没有使用	蓝
5	没有使用	蓝白
6	RX−(接收)	橙
7	没有使用	棕白
8	没有使用	棕

表 1-2　EIA/TIA568B 标准

引脚顺序	介质直接连接信号	双绞线绕对的排列顺序
1	TX+(传输)	橙白
2	TX−(传输)	橙
3	RX+(接收)	绿白
4	没有使用	蓝
5	没有使用	蓝白
6	RX−(接收)	绿
7	没有使用	棕白
8	没有使用	棕

3.直通线

计算机使用分开的线路来发送和接收数据,计算机及其他设备相互通信时一般通过各自的发送和接收端口进行。设备 A 通过发送端口发送数据到设备 B 的接收端口,同时设备 A 的接收端口也接收设备 B 的发送端口发出的数据,即在发送和接收线路之间必须出现信号交叉。

直通线就是双绞线两端的发送端口与发送端口直接相连,接收端口与接收端口直接相连。由于直通线一端的每个引线与另一端的对应引线相连,所以只要方向正确,线路是什么颜色并不重要。也就是说,两种连接方式没有本质的区别,但是必须作出明确的决定,选用哪种标准,避免因混淆造成无效连接。本实验统一采用 568B 标准。

4.交叉线

交叉线是指双绞线两端的发送端口与接收端口交叉相连。要求双绞线的两头连线要1—3,2—6进行交叉。如果在一端,橙白线对应到水晶头的第一个引脚,则在另一端的水晶头,橙白线要对应到其第三个引脚。

五、实验步骤

1.直通双绞线的制作

步骤1:剥线。根据需要的长度用网线钳的剪线口剪取一段双绞线,端头剪齐,长度不能超过100 m。将双绞线的端头直伸入剥线刀口(注意不能弯曲),直到顶住网线钳后面的挡位,网线钳如图1-2所示。适度握紧网线钳的同时慢慢旋转双绞线,让刀口划开双绞线的保护胶皮,然后松开网线钳,把切开的塑料包皮剥下来,露出 UTP 电缆中的8根导线。剥好的线头如图1-3所示。

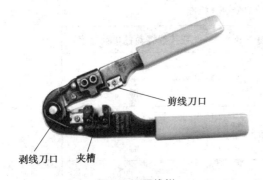

图 1-2 网线钳   图 1-3 剥好的线头

注意:剥线刀口很锋利,握网线钳时力度不能太大,否则会剪断芯线。只要看到电缆外皮略有变形就应停止加力,慢慢旋转双绞线。剥线的长度应略小于水晶头长度,这样可以避免剥线过长或过短。剥线过长,一则不美观,二则因网线不能被水晶头卡住,容易松动;剥线过短,因有保护包皮存在,太厚,不能使双绞线的4对芯线完全插到水晶头底部,造成水晶头插针不能与双绞线芯线完全接触,即网线制作不成功。

步骤2:理线。把4对芯线一字排列,再把每对芯线中的两条芯线相邻排列,每对芯线相互分开。注意不要跨线排列,理顺、捋平直,按 EIA/TIA568B 标准排好顺序,最后用网线钳的剪切刀口将双绞线端头剪齐,不要剪太长,如图1-4所示。

步骤3:插线。取水晶头一个,一只手捏住水晶头,将有金属片的一面朝上,弹片朝下,另一只手将剪齐的8条芯线紧密排列,捏住双绞线,稍稍用力将排好的线平行插入水晶头内的线槽中,8条导线应插入线槽顶端,如图1-5所示。检查各线的排列顺序是否正确。

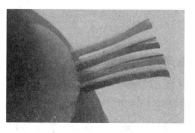

第1只引脚
白橙线

　　图 1-4　理好的双绞线　　　　　　　　　图 1-5　插线

　　步骤 4:压线。将水晶头放入网线钳夹槽中,注意将双绞线的外皮一并放在 RJ-45 头内压紧,以增强其抗拉性能。用力将网线钳压到底,使水晶头的插针都能插入网线芯线之中,与之接触良好;然后再用手轻轻拉一下网线与水晶头,看是否压紧,压紧线头即可。将水晶头取出,双绞线的一端与 RJ-45 水晶头的连接就做好了。

注意:如果测试双绞线不通,应先把水晶头再用网线钳用力夹一次,把水晶头的金属片压下去。新手制作的双绞线不通大多由此造成。

　　按同样的方法制作双绞线的另一端水晶头。因为现在制作的是直通双绞线,所以要确保两端水晶头中的 8 条芯线顺序完全一致,这样整条直通双绞网线全部制作完成,如图1-6 所示。

　　步骤 5:检测。双绞线测试仪(见图 1-7)分为信号发射器和信号接收器两部分,即测试仪的主、次仪器,各有 8 盏信号灯。测试时将双绞线两端的水晶头分别插入测试仪的主、次仪器的 RJ-45 接口内,开启主仪器上的开关。在正常的情况下,测试仪的 8 个指示灯为绿色,并从上至下依次闪过两次。如果有指示灯为黄色或红色,则证明相应引脚的网线有接触不良或者断路现象。此时建议用网线钳再使劲压一次两端的水晶头。如果还不能解决问题,则需要剪断原来的水晶头重新制作。

　　图 1-6　已制作两端水晶头的双绞线　　　图 1-7　双绞线测试仪

2.交叉双绞线的制作

　　一根双绞线的一端按 EIA/TIA568B 标准,按前面介绍的步骤接上 RJ-45 水晶头,另一端按 EIA/TIA568A 标准接上 RJ-45 水晶头。

3.设备间连线

在进行设备连接时,需要正确选择线缆。设备的 RJ-45 接口分为 MDI（Media Dependent Interface）和 MDIX 两类。当同种类型的接口通过双绞线互连时,使用交叉线;当不同类型的接口通过双绞线互连时,使用直通线。通常主机和路由器的接口属于 MDI,交换机和集线器的接口属于 MDIX。例如,主机与交换机相连,采用直通线;主机与路由器相连,采用交叉线;交换机与交换机级连,采用交叉线。

需要说明的是,随着技术的发展,目前一些新的网络设备,例如很多交换机可以自动识别直通线和交叉线,决定是否进行信号转换。因此,用户不管采用直通线还是交叉线,均可以正确连接设备。

六、实验总结

完成该实验后,需要从以下几个方面进行总结:

（1）观察网卡、双绞线、水晶头、交换机、路由器的外观,了解各设备的使用功能。

（2）掌握直通双绞线、交叉双绞线的制作,了解双绞线绕对的意义,设备间连线的一般规则。

（3）对于实验中不成功的情况,分析在实际制作中应注意的环节。

实验二　TCP/IP 的安装、设置及测试

一、实验目的

(1)了解 Windows 7/10 中常用的网络协议。

(2)熟练掌握在 Windows 7/10 中 TCP/IP 的设置与测试。

(3)熟悉与其他协议有关的设置。

二、实验设备与环境

(1)两台以上安装 Windows 7/10 的计算机。

(2)计算机之间通过交换机连成一个简单的局域网。

三、实验内容

(1)在局域网环境下设置 TCP/IP。

(2)使用测试命令:ipconfig、ping、net、arp 等,并熟悉其参数的用法。

四、实验原理

1.IP 地址的编址方法

IP 地址是给因特网上的每一个主机(或路由器)的每一个接口分配一个在全世界范围内唯一的 32 位标志符。IP 地址的编址方法共经过了 3 个历史阶段。

第一个阶段是分类的 IP 地址。即将 IP 地址划分为若干个固定类,每一类地址都是由"网络号"+"主机号"组成,如图 2-1 所示。IP 地址的指派范围如表 2-1 所示。

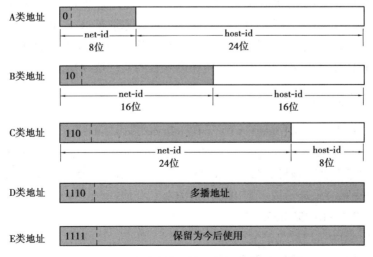

图 2-1　IP 地址中的网络号字段和主机号字段

表 2-1　IP 地址的指派范围

网络类别	最大可指派的网络数	第一个可指派的网络号	最后一个可指派的网络号	每个网络中的最大主机数
A	$126(2^7-2)$	1	126	16777214
B	$16383(2^{14}-1)$	128.1	191.255	65534
C	$2097151(2^{21}-1)$	192.0.1	223.255.255	254

由于 IP 地址空间的利用率低、路由表变得太大以及两级的 IP 地址不够灵活等原因,引入了地址掩码,进入了划分子网的第二个阶段,即采用"网络号"+"子网号"+"主机号"的三级 IP 地址编址方法。从主机号借用若干位作为子网号,当然主机号也就相应减少了同样的位数。因为 32 位的 IP 地址本身没有包含任何有关子网划分的信息,所以要使用子网掩码。子网掩码由一串 1 和一串 0 组成。子网掩码中的 1 对应于 IP 地址中原来二级地址中的网络号加上新增加的子网号;而子网掩码中的 0 对应主机号。A、B、C 类地址默认的子网掩码如表 2-2 所示。

表 2-2　IP 地址的默认掩码

网络类别	默认的子网掩码
A	255.0.0.0
B	255.255.0.0
C	255.255.255.0

后来,根据第二个阶段遇到的问题,提出了无分类域间路由选择(CIDR),即第三个阶段的编址方法。IP 地址采用"网络前缀"+"主机号"的编址方法。用网络前缀指明网络,后面的部分则用来指明主机。例如,128.14.35.7/20 = <u>10000000 00001110 00100011</u> 00000111,表示前 20 位指明网络地址,即对应的十进制地址是:128.14.32.0。

目前,CIDR 是应用最广泛的编址方法,它消除了传统的 A、B、C 类地址和划分子网的概念,提高了 IP 地址资源的利用率,并使得路由聚合的实现成为可能。

2.公有地址与私有地址

公有地址是由 Inter NIC(Internet Network Information Center,因特网信息中心) 负责。这些 IP 地址分配给向 Inter NIC 提出申请的组织机构,通过它直接访问因特网。

私有地址属于非注册地址,专门为组织机构内部使用。通常在本单位的局域网内分配 IP 地址时选择私有地址。以下列出留用的内部私有地址:

A 类:10.0.0.0—10.255.255.255;

B 类:172.16.0.0—172.31.255.255;

C 类:192.168.0.0—192.168.255.255。

五、实验步骤

1.设置 TCP/IP

步骤 1:在桌面上右键单击"网络"图标,在弹出的快捷菜单中选择"属性"命令,打开"网络和共享中心"窗口,如图 2-2 所示。也可以通过"开始"菜单,选择"控制面板",单击"网络和 Internet",再单击"网络和共享中心"进入"网络和共享中心"窗口,如图 2-3所示。

图 2-2　"网络和共享中心"对话框

步骤 2:在"网络和共享中心"窗口中,找到左边菜单栏的"更改适配器设置",单击进入,找到并右击"本地连接"图标,从弹出的快捷菜单中选择"属性"命令,双击"本地连接",打开属性对话框,如图 2-4 所示。

图 2-3　"控制面板"中"网络和 Internet"对话框

图 2-4　"本地连接 属性"对话框

　　步骤 3：在"常规"选项卡中选择"Internet 协议版本 4（TCP/IPv4）"选项，然后单击"属性"按钮，打开"Internet 协议版本 4（TCP/IPv4）属性"对话框，如图 2-5 所示。在"常规"选项卡中选择"使用下面的 IP 地址"选项，可手工设置静态 IP 地址；选择"自动获得 IP 地址"选项，可使该计算机成为 DHCP 客户端，动态获取 IP 地址。设置完相关的选项后，单击"确定"按钮。实验教程中的 IP 设置是根据机房局域网的实际情况设置的，大家可以根据自己的实验环境具体设置。

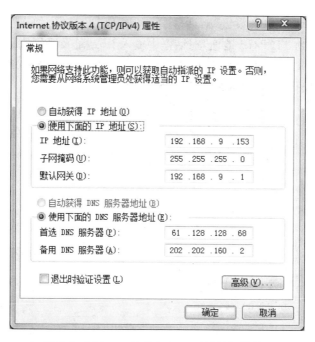

图 2-5 "Internet 协议(TCP/IP)属性"对话框

2.一块网卡上多个 IP 地址的设置

步骤 1:按前面相同的方法打开"Internet 协议(TCP/IP)属性"对话框,单击"高级"按钮,打开"高级 TCP/IP 设置"对话框,如图 2-6 所示。

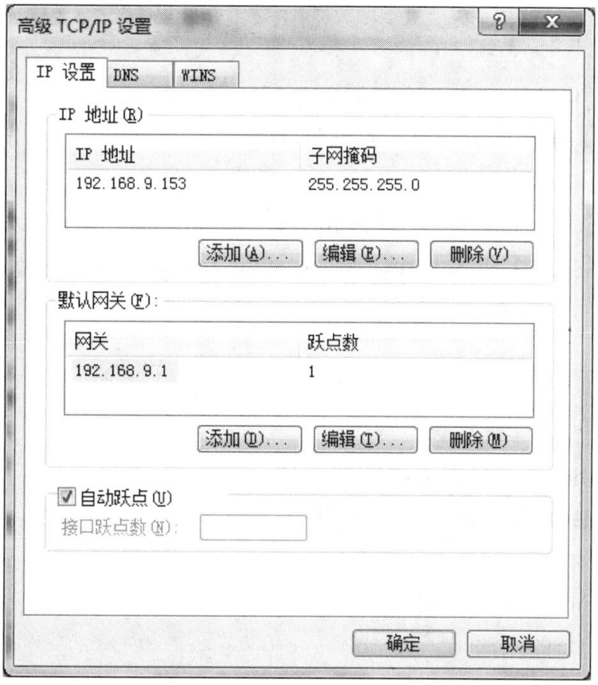

图 2-6 "高级 TCP/IP 设置"对话框

步骤 2：在"高级 TCP/IP 设置"对话框中，单击"添加"按钮，弹出"TCP/IP 地址"对话框，如图 2-7 所示。在"TCP/IP 地址"对话框中输入 IP 地址及子网掩码后，单击"添加"按钮，返回到"高级 TCP/IP 设置"对话框，完成在一块网卡上设置多个 IP 地址的操作，如图 2-8 所示。参照此操作，还可以继续设置多个 IP 地址。

图 2-7　添加新 IP

图 2-8　当前 IP 地址情况

3.TCP/IP 的测试工具

Windows 7 中提供了许多在命令提示符下运行的协议测试工具。

步骤 1：单击"开始"→"运行"，在对话框中输入"cmd"，单击"确定"按钮，打开"命令提示符程序"。

步骤 2：在"命令提示符程序"中输入相关命令进行验证。

①ipconfig：显示本地主机的 IP 地址配置，也用于手动释放和更新 DHCP 服务器指定的 TCP/IP 配置。

常用参数：

/?：显示帮助。

/all：显示 IP 配置的完整信息。

/release：释放 DHCP 服务器指定的 TCP/IP 配置。

/renew：更新 DHCP 服务器指定的 TCP/IP 配置。

例如：

● c:\user\administrator>ipconfig/?

查看 ipconfig 指令的用法。

● c:\user\administrator>ipconfig

执行 ipconfig 指令，执行结果如图 2-9 所示。

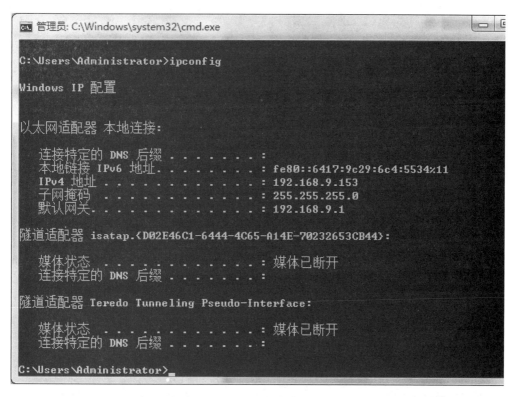

图 2-9　"ipconfig"指令的运行结果

● c:\user\administrator>ipconfig /all

显示 IP 配置的完整信息,执行结果如图 2-10 所示。

（a）

（b）

图 2-10　"ipconfig /all"指令的运行结果

②ping：验证 IP 的配置情况并测试 IP 的连通性。

常用参数：

-t：无限次 ping 指定的计算机直至按下 Ctrl+C 组合键强制中断。默认情况 ping 只测试 4 次。

-n：表示发送数据包的数量，缺省值为 4。

-l：表示发送测试数据包的大小。

例如：

• c：\user\administrator>ping/？

查看 ping 指令的用法

• c：\user\administrator>ping 127.0.0.1

127.0.0.1 是一个环回地址，可用于测试本机网络的连通性，执行结果如图 2-11 所示。

```
C:\Users\Administrator>ping 127.0.0.1

正在 Ping 127.0.0.1 具有 32 字节的数据：
来自 127.0.0.1 的回复: 字节=32 时间<1ms TTL=64
来自 127.0.0.1 的回复: 字节=32 时间<1ms TTL=64
来自 127.0.0.1 的回复: 字节=32 时间<1ms TTL=64
来自 127.0.0.1 的回复: 字节=32 时间<1ms TTL=64

127.0.0.1 的 Ping 统计信息:
    数据包: 已发送 = 4, 已接收 = 4, 丢失 = 0 <0% 丢失>,
往返行程的估计时间<以毫秒为单位>:
    最短 = 0ms, 最长 = 0ms, 平均 = 0ms
```

图 2-11　"ping 127.0.0.1"命令运行结果

说明：该结果表示向 IP 地址为 127.0.0.1 的主机发送了 4 个大小为 32 字节的数据包，TTL 表示生存时间，指定数据包被路由器丢弃前允许通过的网段数量。TTL 值的大小由发送主机设置，以防止数据包不断在 IP 互联网上永不终止地循环。转发 IP 数据包时，路由器至少将 TTL 减小 1。不同的操作系统 TTL 值的设定不一样。

例如：

- c:\user\administrator>ping 192.168.9.5　-t

连续测试链路。

- c:\user\administrator>ping 202.202.160.2　-n　50　-l 1024

向 IP 地址为 202.202.160.2 的主机发送 50 个 1024 字节大小的数据包。截取部分执行结果如图 2-12 所示。

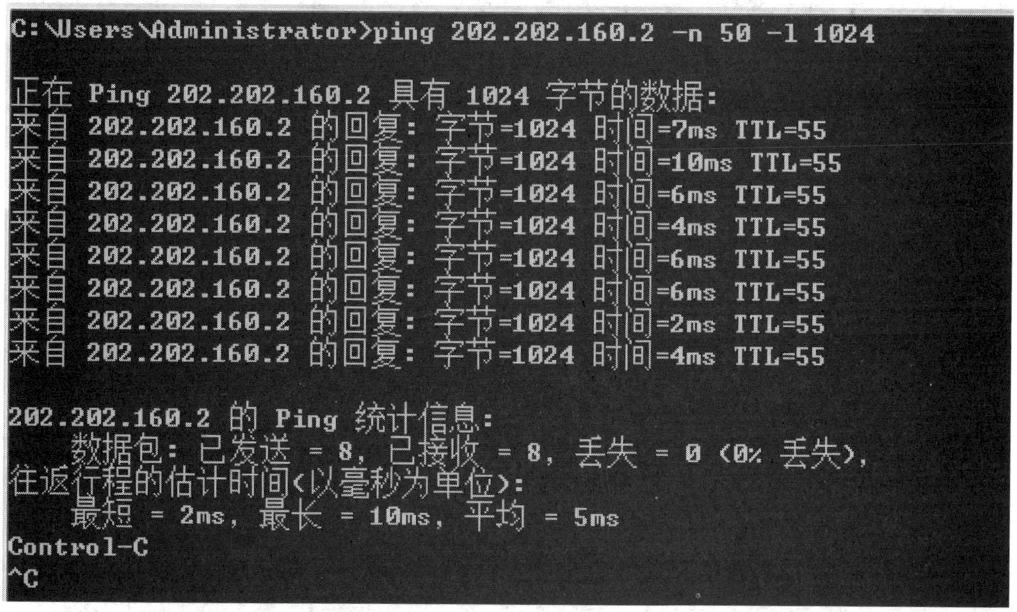

```
C:\Users\Administrator>ping 202.202.160.2 -n 50 -l 1024

正在 Ping 202.202.160.2 具有 1024 字节的数据:
来自 202.202.160.2 的回复: 字节=1024 时间=7ms TTL=55
来自 202.202.160.2 的回复: 字节=1024 时间=10ms TTL=55
来自 202.202.160.2 的回复: 字节=1024 时间=6ms TTL=55
来自 202.202.160.2 的回复: 字节=1024 时间=4ms TTL=55
来自 202.202.160.2 的回复: 字节=1024 时间=6ms TTL=55
来自 202.202.160.2 的回复: 字节=1024 时间=6ms TTL=55
来自 202.202.160.2 的回复: 字节=1024 时间=2ms TTL=55
来自 202.202.160.2 的回复: 字节=1024 时间=4ms TTL=55

202.202.160.2 的 Ping 统计信息:
    数据包: 已发送 = 8，已接收 = 8，丢失 = 0 (0% 丢失)，
往返行程的估计时间(以毫秒为单位):
    最短 = 2ms，最长 = 10ms，平均 = 5ms
Control-C
^C
```

图 2-12　“ping 202.202.160.2　-n　50　-l 1024”命令的部分结果

③tracert：跟踪数据包到达目的地所采取的路由。

例如：

c:\user\administrator>tracert 202.202.160.2

说明：追踪到达 IP 为 202.202.160.2 的主机经过了哪些路由，默认设置的最大跳数是 30，可以通过参数修改。该命令的运行结果如图 2-13 所示。

④pathping：跟踪数据包到达目标所采取的路由，并且显示路径中每个路由器的数据损失信息，也可以用于解决服务质量（Qos）连通性问题。该命令结合了 ping、tracert 命令的功能。

例如：

- c:\user\administrator>pathping 202.202.160.2

⑤net：网络资源使用与显示命令集。

常用参数：

net view \IP address：查看计算机上的共享资源列表。

```
C:\Users\Administrator>tracert 202.202.160.2

通过最多 30 个跃点跟踪
到 dns.sanxiau.edu.cn [202.202.160.2] 的路由:

  1    1 ms     1 ms     1 ms   192.168.9.1
  2     *        *        *     请求超时。
  3   <1 毫秒   <1 毫秒   <1 毫秒  172.21.210.2
  4    3 ms     9 ms    <1 毫秒  172.21.210.8
  5    1 ms    <1 毫秒   <1 毫秒  172.21.211.1
  6   <1 毫秒   <1 毫秒   <1 毫秒  3.3.3.2
  7    1 ms    <1 毫秒   <1 毫秒  3.3.3.1
  8     *        *        *     请求超时。
  9     *        *        *     请求超时。
 10    3 ms     2 ms     3 ms   dns.sanxiau.edu.cn [202.202.160.2]

跟踪完成。
```

图 2-13　"tracert 202.202.160.2"命令的运行结果

net use:映射网络驱动器。

net user:用户账号与域的管理,可以创建和修改计算机上的用户账户以及相关信息。

net share:使网络用户可以使用某一服务器上的资源。

net localgroup:使用户具有管理员的权限。

例如:

● c:\user\administrator>net view　\\192.168.9.154

查看 192.168.9.154 计算机上的共享资源,命令运行结果如图 2-14 所示。

```
C:\Users\Administrator>net view \\192.168.9.154
在 \\192.168.9.154 的共享资源



共享名   类型   使用为   注释
-------------------------------------------------------------------------------
MinGW    Disk
Users    Disk
命令成功完成。
```

图 2-14　net view 命令执行的结果

⑥net use:映射网络驱动器是将局域网中的某个共享目录映射成本地驱动器号,这样可以提高访问效率。

步骤 1:共享需要映射成网络驱动器的目录。

步骤 2:利用 net use 命令将共享出的目录映射成本地驱动器号。注意,驱动器号应该选择本机没有使用的驱动器号。

例如：

  ● c：\user\administrator>net use W： \\192.168.9.154\MyDoc

说明：将局域网上 IP 地址为 192.168.9.154 的计算机上共享的文件夹 MyDoc 映射成驱动器 W 盘，注意指令中 W 盘应该表示成 W：。

注意： 参数之间应空格，如盘符与共享路径间需有一个空格。

映射网络驱动器成功以后，我们可以很方便地在"计算机"中进行查看，如图 2-15 所示。

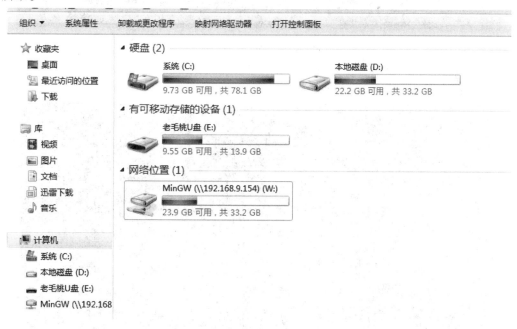

图 2-15 网络映射驱动器

  ● c：\user\administrator>net use W： /delete

删除网络映射驱动器 W 盘。

  ● c：\user\administrator>net share CDROM=F：\

共享本机上的光驱，并设共享名为 CDROM，假设光驱在本地盘符为 F：。

  ● c：\user\administrator>net user

查看系统用户账户的列表。

  ● c：\user\administrator>net user stu1 123456 /add

新建一个账户，用户名为 stu1，密码为 123456。

  ● c：\user\administrator>net user stu1 123456 /delete

删除一个用户。

说明：net user 还可以实现给账户增加描述注释、设置账户过期日期、设置用户的主目录、设置用户是否可以改变密码等功能，具体用法可参考说明文档。

  ● c：\user\administrator>net localgroup Administrators stu1 /add

使用户具有管理员的权限。

⑦arp:显示或设置 IP 地址与 MAC 地址的对应关系。

常用参数:

-g 或 -a:查看 ARP 缓存。

-s <IP 地址><MAC 地址>:加入一个静态记录。

-d <IP 地址> :删除记录。

例如:

● c:\user\administrator>arp -s　192.168.9.153　　00-aa-00-62-c6-09

"arp -s"的用法如图 2-16 所示。

```
C:\Users\Administrator>arp -s 192.168.9.153 00-aa-00-62-c6-09
```

图 2-16 "arp -s"的用法

● c:\user\administrator>arp -a

命令运行结果如图 2-17 所示。

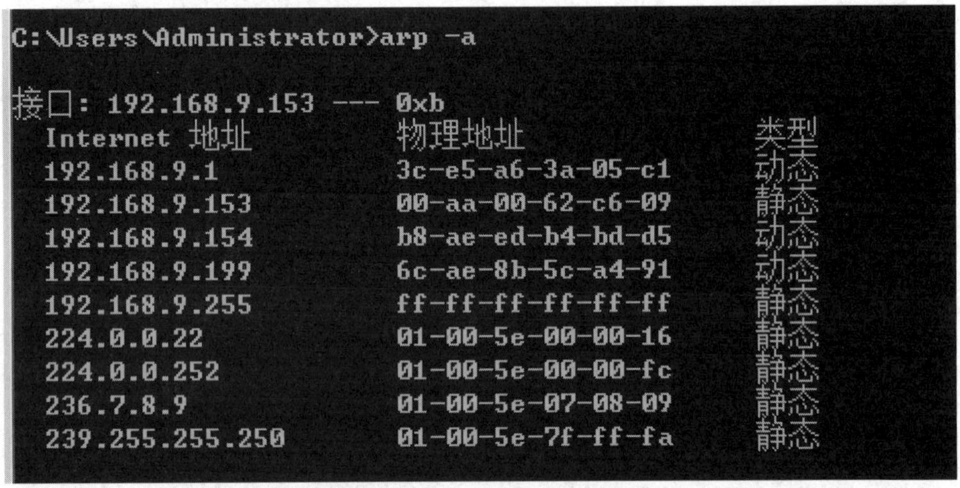

```
C:\Users\Administrator>arp -a

接口: 192.168.9.153 --- 0xb
  Internet 地址          物理地址              类型
  192.168.9.1           3c-e5-a6-3a-05-c1     动态
  192.168.9.153         00-aa-00-62-c6-09     静态
  192.168.9.154         b8-ae-ed-b4-bd-d5     动态
  192.168.9.199         6c-ae-8b-5c-a4-91     动态
  192.168.9.255         ff-ff-ff-ff-ff-ff     静态
  224.0.0.22            01-00-5e-00-00-16     静态
  224.0.0.252           01-00-5e-00-00-fc     静态
  236.7.8.9             01-00-5e-07-08-09     静态
  239.255.255.250       01-00-5e-7f-ff-fa     静态
```

图 2-17 "arp -a"指令执行的结果

⑧route:显示和修改本地路由表。

常用参数:

print:显示路由表。

add:添加路由表项。

例如:

● c:\user\administrator>route　print

命令运行结果如图 2-18 所示。

⑨netstat:显示与 IP、TCP、UDP 和 ICMP 协议相关的统计数据,一般用于检验本机各端口的网络连接情况。

常用参数:

/?:查看使用帮助。

-c:显示 NetBIOS 名称缓存内容、NetBIOS 名称表及其解析的各个地址。

-n:显示本地计算机的 NetBIOS 名称表。Registered 中的状态表明该名称是通过广播

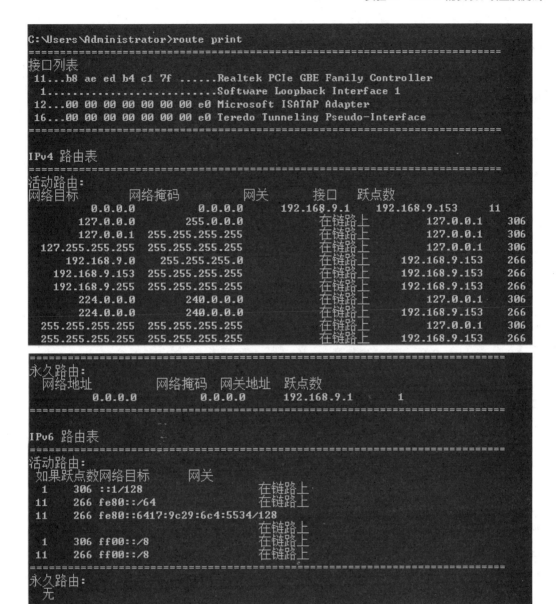

图 2-18 "route print"命令的运行结果

或 WINS 服务器注册的。

　　-a IPaddress:显示远程计算机的 NetBIOS 名称表,IPaddress 由远程计算机的 IP 地址指定。

　　-r:显示 NetBIOS 名称解析统计资料。在使用 WINS 的 Windows 计算机上,该参数将返回已通过广播和 WINS 解析和注册的名称号码。

　　⑩nbtstat:显示本地计算机和远程计算机基于 TCP/IP(NetBT)协议的 NetBIOS 统计资料、NetBIOS 名称表和 NetBIOS 名称缓存。

　　⑪hostname:返回本地计算机的主机名。

六、实验总结

完成该实验后,需要从以下几个方面进行总结:

(1)在 Windows 系统的网络环境中,除了使用 TCP/IP 外,还可以使用哪些协议?

(2)理解 IP 地址的格式,私有网络 IP 地址的分配。给定参数:IP 地址 192.168.1.5,网关 192.168.1.0,子网掩码 255.255.255.0,DNS 202.202.160.2,试进行网络协议设置。

(3)熟悉 ipconfig、ping、net 等命令的使用,并分析 ipconfig、ping 命令执行后的结果所表达的意思。了解 IP 地址为 127.0.0.1 的作用。

(4)讨论在实际应用中遇到的各种情况分别该使用何种命令?

实验三　对等网的组建

一、实验目的

(1)熟悉 100BaseT 星型拓扑以太网的网卡、交换机、线缆、连接器等网络硬件设备。

(2)熟悉 Windows 7/10 中的网络组件及各参数的设置和安装方法。

(3)理解对等网络的基本概念和特点。

(4)掌握对等网中共享资源的使用。

(5)掌握用 ping 命令测试网络连通性。

二、实验设备与环境

以 3~4 人组成一个工作组,3~4 台安装 Windows 7/10 的计算机、双绞线若干、1~2 台交换机。

三、实验内容

(1)建立一个基于 Windows 的对等网。

(2)物理拓扑结构为 100BASE-T 的以太网。

(3)工作组中的用户可以相互共享硬盘、文件、打印机。

四、实验原理

对等网络:主要运行在 Internet 边缘的计算机,网络上每台计算机的地位都是平等的,它们的资源与管理分散在网络内的各台计算机上,它们之间构成一个对等网络。

五、实验步骤

1.Windows 7/10 计算机的设置

步骤 1:检查网络适配器是否安装。右键单击桌面上的"计算机"图标,从弹出的快捷菜单中选择"设备管理器"命令,在"设备管理器"窗口中查看是否存在"网络适配器",若没有则需要安装,如图 3-1 所示。

步骤 2:添加网络客户、网络服务、网络协议。参照实验二,进入"本地连接"属性窗口,单击"安装"按钮,添加"Microsoft 网络客户端""Microsoft 网络的文件和打印机共享""TCP/IP"协议。

注意: 目前的操作系统在安装的过程中,已默认安装了以上服务。

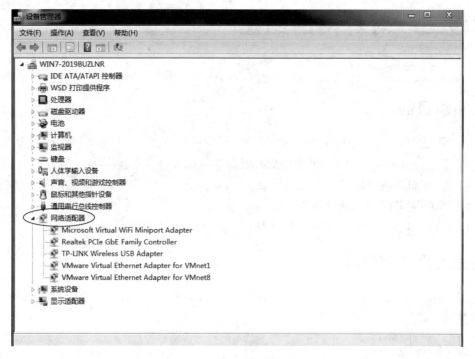

图 3-1 "设备管理器"界面

步骤 3：设置 TCP/IP 协议。根据实验室局域网的设置，我们选用的地址段为 192.168.10/24，为了不出现 IP 地址冲突的情况，每台计算机的主机号按座位号标识，如图 3-2 所示。

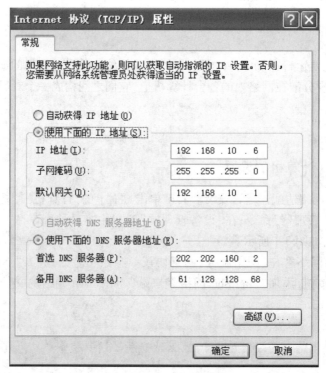

图 3-2 "TCP/IP 属性"设置

步骤4:设置工作组。右键单击"计算机"找到"属性",单击"属性"打开新窗口,单击"更改设置",如图3-3所示。在弹出的窗口中单击"更改"按扭,如图3-4所示,在弹出的窗口中,找到"计算机名"并填写,选择"工作组"选项,填写工作组名,如"WORKGROUP",如图3-5所示。同一工作组中的计算机应该设置相同的工作组名。

图3-3　"属性"窗口中的"更改设置"

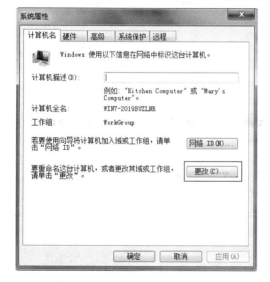

图3-4　"系统属性"对话框

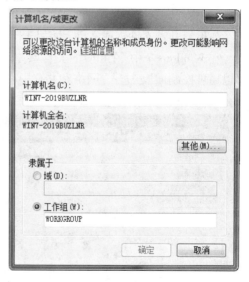

图3-5　"工作组"与"计算机名"设置对话框

2.共享网络资源

注意:如果需要共享局域网中的信息,计算机需要在启动时输入用户名和密码;如果在登录时选择"取消",不输入用户信息,则该机视为单机使用,无权访问网络信息。

步骤 1:共享本机资源。登录成功后,打开"计算机",右键单击磁盘 D:的图标,在出现的快捷菜单中选择"共享与安全"命令,在弹出的对话框中选择"共享此文件夹"复选框,输入共享名"904-6-D",如图 3-6 所示。单击"权限"按钮,还可以设置访问用户以及用户的权限,如图 3-7 所示。

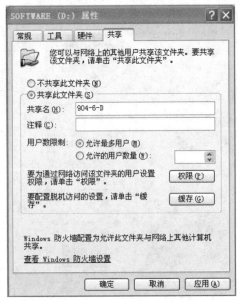

图 3-6 "共享"对话框   图 3-7 "权限"设置对话框

如果要共享文件夹或文件,方法同上。

在 Windows 7 中,在相应的文件共享后还需开启"高级共享设置"进行相应的修改。可以通过控制面板,进入"网络和共享中心",单击"更改高级共享设置",如图 3-8 所示;然后在"高级共享设置"中根据自身当前使用的网络进行设置,如图 3-9 所示。

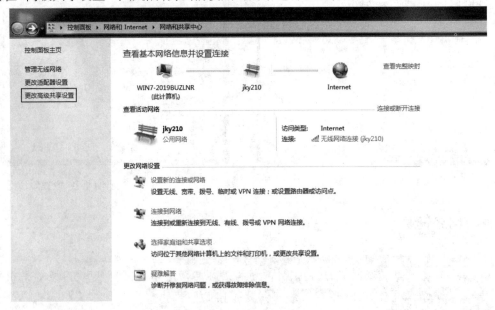

图 3-8 "网络和共享中心"窗口

网络发现

如果已启用网络发现，则此计算机可以发现其他网络计算机和设备，而其他网络计算机亦可发现此计算机。什么是网络发现?

- ◉ 启用网络发现
- ○ 关闭网络发现

文件和打印机共享

启用文件和打印机共享时，网络上的用户可以访问通过此计算机共享的文件和打印机。

- ◉ 启用文件和打印机共享
- ○ 关闭文件和打印机共享

公用文件夹共享

打开公用文件夹共享时，网络上包括家庭组成员在内的用户都可以访问公用文件夹中的文件。什么是公用文件夹?

- ◉ 启用共享以便可以访问网络的用户可以读取和写入公用文件夹中的文件
- ○ 关闭公用文件夹共享(登录到此计算机的用户仍然可以访问这些文件夹)

媒体流

当媒体流打开时，网络上的人员和设备便可以访问该计算机上的图片、音乐以及视频。该计算机还可以在网络上查找媒体。

选择媒体流选项...

文件共享连接

Windows 7 使用 128 位加密帮助保护文件共享连接。某些设备不支持 128 位加密，必须使用 40 或 56 位加密。

- ◉ 使用 128 位加密帮助保护文件共享连接(推荐)
- ○ 为使用 40 或 56 位加密的设备启用文件共享

密码保护的共享

如果已启用密码保护的共享，则只有具备此计算机的用户账户和密码的用户才可以访问共享文件、连接到此计算机的打印机以及公用文件夹。若要使其他用户具备访问权限，必须关闭密码保护的共享。

- ◉ 启用密码保护共享
- ○ 关闭密码保护共享

图 3-9　网络共享中的必要设置

步骤2:使用共享资源。工作组中的另一成员登录计算机后,打开"网络",可以看到在 WORKGROUP 工作组中的所有终端,如打印机、计算机、网络设施等,如图 3-10 所示。双击计算机名为"DESKTOP-Q8LDVK9"的图标,显示共享名"DESKTOP-Q8LDVK9"的文件资源,如图 3-11 所示,双击"迅雷下载",即可浏览 DESKTOP-Q8LDVK9 计算机的"迅雷下载"文件夹中的文件。

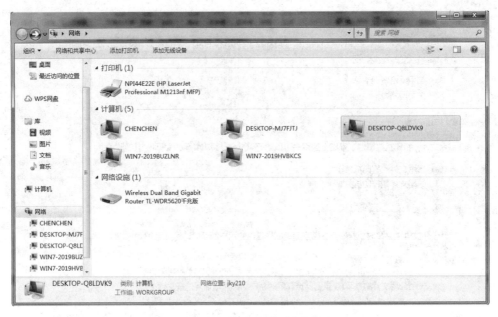

图 3-10   查看"网络"成员组

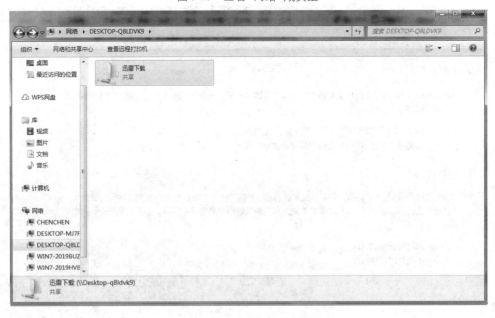

图 3-11   查看某计算机共享的资源

注意:有时候我们在访问对方的共享资源时,提示"无权访问"等信息,可以从"控制面板"→"用户账户"中启用 guest 账户。

步骤 3:共享打印机。如果工作组中的计算机安装了打印机,打印机名为"HP PRINT-ER",在"计算机"中双击"打印机",再用右键单击"HP PRINTER",选择"共享"。在其他的计算机上通过"网上邻居"查看该共享打印机,并可以使用该打印机。

3.网络连通性及故障检测

步骤 1：打开"命令解释器"程序。

步骤 2：检查 TCP/IP 通信协议。在命令提示符后输入"ipconfig"，检查 TCP/IP 通信协议是否已经正常启动。如果正常，会出现主机的 IP 地址、子网掩码、默认网关等数据；如果提示为 0.0.0.0，则表示 IP 地址与网络上其他的主机冲突。

步骤 3：测试本机连通性。在命令提示符后输入"ping 127.0.0.1"，进行环回测试，验证网卡是否可以正常传送 TCP/IP 的数据。数据直接由"输出缓冲区"传回到"输入缓冲区"，并没有离开网卡，用来检查网卡与驱动程序是否正常工作。也可以输入"ping　本机 IP 地址"进行测试。如果正常，则会出现如图 3-12 所示的画面；如果出现如图 3-13 所示的画面，则返回检查网卡设置、TCP/IP 的配置。

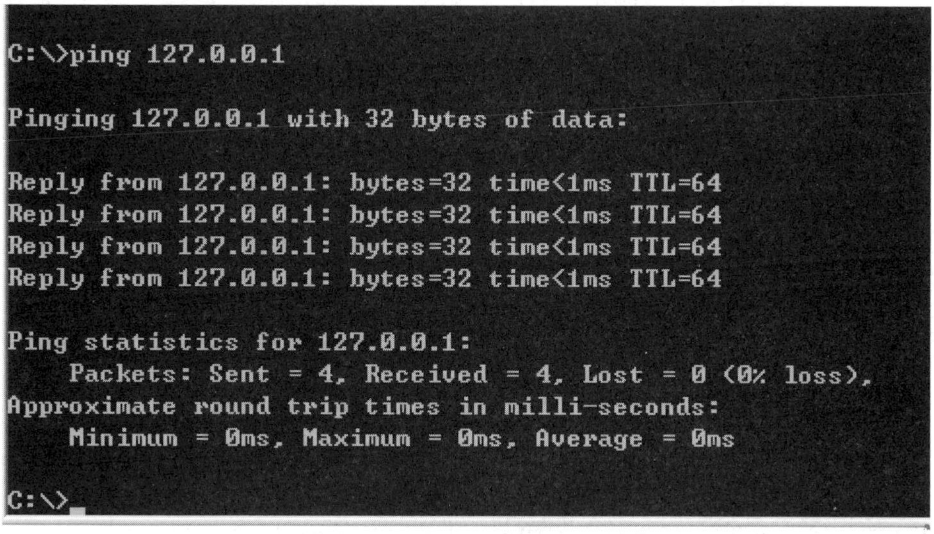

```
C:\>ping 127.0.0.1

Pinging 127.0.0.1 with 32 bytes of data:

Reply from 127.0.0.1: bytes=32 time<1ms TTL=64
Reply from 127.0.0.1: bytes=32 time<1ms TTL=64
Reply from 127.0.0.1: bytes=32 time<1ms TTL=64
Reply from 127.0.0.1: bytes=32 time<1ms TTL=64

Ping statistics for 127.0.0.1:
    Packets: Sent = 4, Received = 4, Lost = 0 (0% loss),
Approximate round trip times in milli-seconds:
    Minimum = 0ms, Maximum = 0ms, Average = 0ms

C:\>
```

图 3-12　ping 命令的运行结果 1

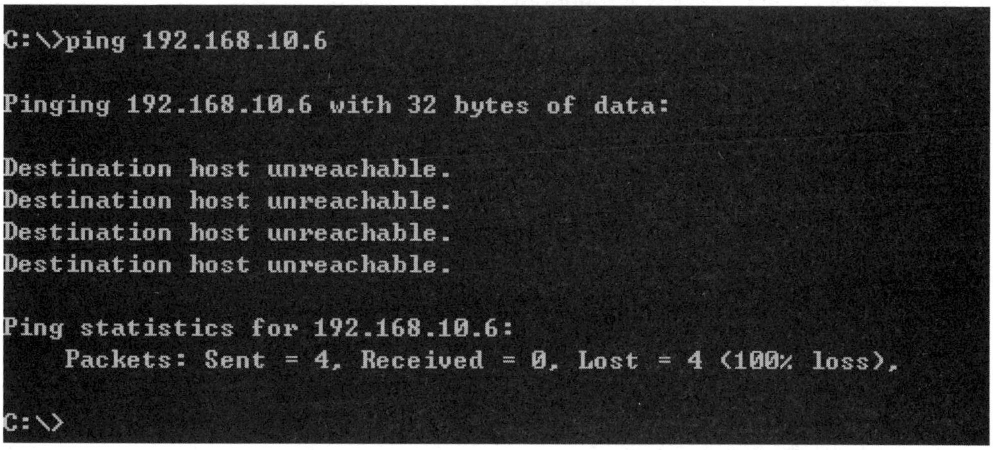

```
C:\>ping 192.168.10.6

Pinging 192.168.10.6 with 32 bytes of data:

Destination host unreachable.
Destination host unreachable.
Destination host unreachable.
Destination host unreachable.

Ping statistics for 192.168.10.6:
    Packets: Sent = 4, Received = 0, Lost = 4 (100% loss),

C:\>
```

图 3-13　ping 命令的运行结果 2

步骤 4:测试与网络内其他主机的连通性。在命令提示符后输入"ping 其他主机 IP 地址",如果正常,会出现类似图 3-12 所示的画面;如果不正常,会出现类似图 3-13 所示画面,需检查对方计算机的网络设置与连线情况。

六、实验总结

完成该实验后,需要从以下几个方面进行总结:

(1)对等网中各终端的 IP 地址应该如何设置?(考虑 IP 地址和子网掩码)

(2)为什么要设置工作组?不同工作组的计算机间能否共享资源?设置不同权限的用户,访问工作组中的数据。(例如:某些用户可以访问目录 1,但不能访问目录 2,有些目录只能查看,有些目录可以修改等)

(3)如果在网上邻居中不能正常访问工作组中的计算机,可能是哪些原因造成的?怎样解决?

第二部分

TCP/IP 协议分析

◆ 链路层协议分析(以太网链路层帧格式分析)

◆ 网络层协议分析(ARP 协议分析、ICMP 协议分析、IP 协议分析)

◆ 传输层协议分析(TCP 协议基本分析、UDP 协议基本分析)

◆ 应用层协议分析(HTTP 协议分析)

在 TCP/IP 协议分析的相关实验中,我们使用了网络分析软件:网路岗。同学们在做实验时,还可以选择其他软件,如 Wireshark、Sniffer、科来网络分析系统等。

实验四　以太网链路层帧格式分析

一、实验目的

（1）分析 Ethernet V2 标准规定的 MAC 层帧结构。

（2）熟悉抓包软件的使用。

二、实验设备与环境

（1）利用交换机组建星型拓扑结构的局域网。主机应设置在同一个网段中，如 192.168.10.2～192.168.10.254。

（2）抓包软件"网路岗"。

三、实验内容

（1）通过对截获帧进行分析，分析和验证 Ethernet V2 标准规定的 MAC 层帧结构。

（2）初步了解 TCP/IP 的主要协议和协议的层次结构。

四、实验原理

局域网按照网络拓扑结构可以分为星型网、环型网、总线型网和树型网，相应代表性的网络主要有以太网、令牌环形网、令牌总线网等。局域网经过多年的发展，尤其是快速以太网（100 Mb/s）、吉比特以太网（1 Gb/s）和 10 吉比特以太网（10 Gb/s）的飞速发展，采用 CSMA/CD（Carrier Sense Multiple Access with Collision Detection）接入方法的以太网已经在局域网市场中占有绝对优势，以太网几乎成为局域网的同义词。

常用的以太网 MAC 帧格式有两种标准，一种是 DIX Ethernet V2 标准，另一种是 IEEE 的 802.3 标准。图 4-1 显示了 Ethernet V2 标准的 MAC 帧格式。

IEEE802.3 标准规定的 MAC 帧格式与 V2 MAC 帧格式的区别主要有两个地方。其一，IEEE802.3 标准规定的 MAC 帧的第三个字段是"长度/类型"。当这个字段值大于 0x0600 时，就表示"类型"。例如：当类型字段值是 0x0800 时，表示上层使用的是 IP 数据报；若是 0x8137 时，则表示该帧是 Novell IPX 发过来的，这时和 V2 标准的 MAC 帧完全一样。当这个字段值小于 0x0600 时，表示"长度"，即 MAC 帧的数据部分长度。若数据字段的长度与长度字段的值不一致时，则该帧为无效的 MAC 帧。实际上，由于以太网采用了曼彻斯特编码，长度字段并无实际意义。其二，当"长度/类型"字段值小于 0x0600 时，数据字段必须装入逻辑链路控制 LLC 子层的 LLC 帧。由于现在广泛使用的局域网只有以太网，LLC 帧已经失去了原来的意义。现在市场上流行的都是以太网 V2 的 MAC 帧，但大家也常常把它称为 IEEE802.3 标准的 MAC 帧。

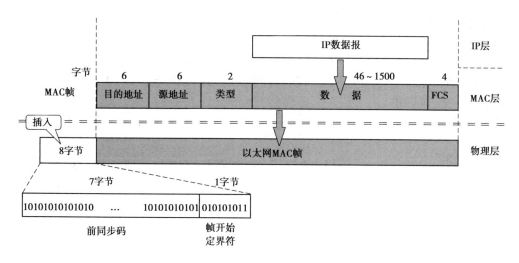

图 4-1　Ethernet V2 标准的 MAC 帧

五、实验步骤

步骤 1:利用交换机连接星型拓扑结构的局域网。

步骤 2:主机上安装"网路岗"软件,并运行。

步骤 3:在主机 A(192.168.10.8/24)和主机 B(192.168.10.200/24)之间完成实验。

①在主机 B 中设置共享文件。

②在主机 A 上单击"开始"→"运行",键入主机 B 的地址,如\\192.168.10.200,按回车键执行该命令。

③当在主机 A 上成功显示主机 B 的共享目录后,终止截取报文,查看和分析 TCP/IP 协议族中的协议,分析 MAC 帧结构,如图 4-2 所示。

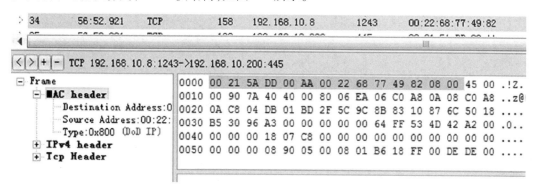

图 4-2　截取的 MAC 信息

注意:如果局域网中传输的数据包较多,不方便抓取要分析的数据,可以在执行对应的网络进程前才开始执行抓包指令,进程执行结束即停止抓包。

六、实验总结

完成该实验后,需要从以下几个方面进行总结:

(1)熟悉抓包软件"网路岗",会分析软件中各窗口数据的含义,能通过菜单过滤不需要分析的协议(如 UDP)。

(2)结合教材,详细分析 Ethernet V2 标准规定的 MAC 层报文结构及物理地址的表示。

(3)会使用网络命令。在不同的命令下,通过"网路岗"软件看到的 TCP/IP 的主要协议和协议的层次结构都一样吗?为什么?

实验五 ARP 协议分析

一、实验目的

(1)分析 ARP 协议报文首部格式。

(2)分析 ARP 协议在同一网段内的解析过程。

二、实验设备与环境

由交换机组建的局域网环境,两人一组。

三、实验内容

(1)通过位于同一网段的主机间运行 ping 命令,截获报文,分析 ARP 协议报文结构。

(2)分析 ARP 协议在同一网段内的解析过程。

四、实验原理

1.ARP 协议

ARP(Address Resolution Protocol)是地址解析协议的简称。在 TCP/IP 协议中,每一个网络节点都用 IP 地址标识,IP 地址是一个逻辑地址。而在以太网中,数据包是靠 48 位的 MAC 地址(物理地址)寻址的。因此,必须建立 IP 地址与 MAC 地址之间的对应(映射)关系,ARP 协议就能完成这个工作,将 IP 地址解析成硬件地址。ARP 是动态协议,即解析过程是自动完成的。

每一个主机都设有一个 ARP 高速缓存,里面存放最近访问的 IP 地址与硬件地址的对应关系。参考实验二中介绍的 ARP 命令,可以查看 ARP 缓存的使用情况。

2.ARP 的工作过程

A(209.0.0.5)、B(209.0.0.6)在同一网段内通信,当主机 A 需要发送报文给主机 B 时,如果在 ARP 缓存中找不到主机 B 的硬件地址,则源主机在网段内直接发送 ARP 请求报文"我的 IP 地址是 209.0.0.5,硬件地址是 00-00-C0-15-AD-18。我想知道 IP 地址是 209.0.0.6的主机的硬件地址",目的主机 B 判断报文的目的 IP 地址是自己的 IP 地址,就将自己的硬件地址写入应答报文,发送给主机 A。主机 A 收到后将其存入缓存,则解析成功,然后才将报文发往主机 B。解析过程如图 5-1 所示。

位于不同网段的主机进行通信时,发送方主机 H1 发送 ARP 请求分组,该分组在 H1 所在的网段上广播,找到该网段的一个路由器 R,路由器 R 将自己的硬件地址写入应答报文,发送给主机 H1。剩下的工作由路由器来完成。

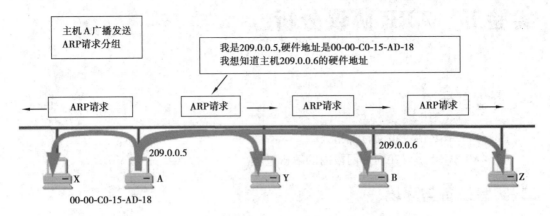

图 5-1　主机 A 广播发送 ARP 请求

五、实验步骤

步骤 1：利用交换机连接星型拓扑结构的局域网。（192.168.10/24）

步骤 2：在主机 A（192.168.10.150）、主机 B（192.168.10.200）的命令行窗口执行 ARP 命令，查看 ARP 缓存：

C：\> arp　-a

如果缓存非空，执行命令，清空 ARP 缓存。

C：\>arp　-d

清空 ARP 缓存后再查看缓存中的内容，结果如图 5-2 所示。

图 5-2　在主机 A 上清空 ARP 缓存后查看缓存中的内容

步骤 3：在主机 A、主机 B 上运行网路岗软件，开始截获数据报文。在主机 A 的命令行窗口中执行 ping 192.168.10.200 命令。执行完后，两台主机停止网路岗报文截获。截获的报文如图 5-3 所示。

序号	时间	类型	长度	源IP
⊳ 7	13:41.218	UDP	1482	192.168.10.18
⊳ 8	13:41.312	ARP-Request:who-has 192.168.10.200 tell 192.168.10.150	42	192.168.10.150
⊳ 9	13:41.312	ARP-Reply:192.168.10.200 is-at 00:21:5A:DD:00:AA	60	192.168.10.200
⊳ 10	13:41.312	ICMP	74	192.168.10.150

图 5-3　在主机 A 上截取的 ARP 报文

步骤 4：分析网路岗截获的报文，包括有几个 ARP 报文；选中第一条 ARP 请求报文和第一条 ARP 应答报文，分别给出在链路层、网络层的各个地址信息，填入表 5-1 中。

表 5-1 ARP 请求报文和 ARP 应答报文的字段信息

字段项	ARP 请求数据报文	ARP 应答数据报文
链路层 Destination 项		
链路层 Source 项		
网络层 Sender MAC Address		
网络层 Sender IP Address		
网络层 Target MAC Address		
网络层 Target IP Address		

步骤 5：执行"arp –a"命令，查看当前 ARP 缓存使用情况，如图 5-4 所示。

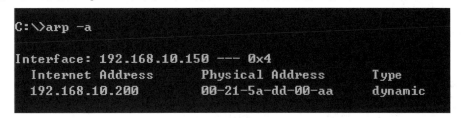

```
C:\>arp -a

Interface: 192.168.10.150 --- 0x4
  Internet Address        Physical Address       Type
  192.168.10.200          00-21-5a-dd-00-aa      dynamic
```

图 5-4 在主机 A 上查看 ARP 缓存记录

步骤 6：重复步骤 3，比较此次截获的报文与前一次的有什么不同。

六、实验总结

完成该实验后，需要从以下几个方面进行总结：

（1）ARP 缓存的作用是什么？

（2）说明 ARP 协议在同一网段内主机间通信时的执行过程。截获的报文中哪些信息是 ARP 协议的？有什么特点？分析步骤 6 的结果。

（3）上网查询资料，了解什么是 ARP 攻击。

实验六　ICMP 协议分析

一、实验目的

（1）分析 ICMP 报文格式和协议内容。

（2）了解 ICMP 的应用。

二、实验设备与环境

由交换机组建的局域网环境，两人一组。

三、实验内容

（1）通过在不同环境下执行 ping 命令，截获报文。

（2）分析不同类型的 ICMP 报文，理解其具体意义。

四、实验原理

1.ICMP 协议

ICMP（Internet Control Message Protocol，因特网控制报文协议）是因特网的标准。ICMP 用于在 IP 主机、路由器之间传递控制消息，包括网络连通状况、主机是否可达、路由是否可用等相关信息，还用于调试、监视网络，对于网络安全具有极其重要的意义。

2.ICMP 报文格式

由于 ICMP 报文的类型很多，且各自又有不同的代码。因此，ICMP 并没有一个统一的报文格式以供全部 ICMP 信息使用，不同的 ICMP 类别分别有不同的报文字段。

ICMP 报文只是在前 4 个字节有统一的格式，共有类型、代码和校验和这 3 个字段。之后的 4 个字节的内容与 ICMP 报文的类型有关，再后面的数据字段的长度取决于 ICMP 报文的类型。ICMP 报文格式如图 6-1 所示。

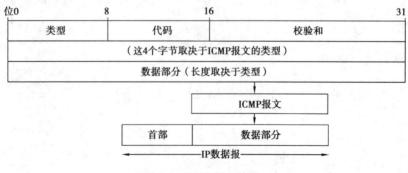

图 6-1　ICMP 报文格式

3.ICMP 报文的分类

ICMP 报文可以分为 ICMP 差错报告报文和 ICMP 询问报文两种,表 6-1 给出了几种常用的 ICMP 报文类型。

表 6-1　几种常见的 ICMP 报文类型

ICMP 报文种类	类型的值	ICMP 报文的类型
差错报告报文	3	终点不可达
	4	源点抑制(Source Quench)
	11	时间超过
	12	参数问题
	5	改变路由(Redirect)
询问报文	8 或 0	回送(Echo)请求或回答
	13 或 14	时间戳(Timestamp)请求或回答

ICMP 差错报告报文主要有终点不可达、源站抑制、超时、参数问题和路由重定向 5 种。实验中主要涉及终点不可达和超时两种,其中终点不可达报文中需要区分的不同情况较多,对应的代码列表如表 6-2 所示,较常见的是前 5 种。

表 6-2　终点不可达报文的区别

代 码	描 述	处理方法	代 码	描 述	处理方法
0	网络不可达	无路由到达主机	8	源主机被隔离	无路由到达主机
1	主机不可达	无路由到达主机	9	目的网络被强制禁止	无路由到达主机
2	协议不可达	连接被拒绝	10	目的主机被强制禁止	无路由到达主机
3	端口不可达	连接被拒绝	11	由于服务类型 TOS,网络不可达	无路由到达主机
4	需要进行分片但设置了不分片位	报文太长	12	由于服务类型 TOS,主机不可达	无路由到达主机
5	源站选路失败	无路由到达主机	13	由于过滤,通信被强制禁止	(忽略)
6	目的网络不认识	无路由到达主机	14	主机越权	(忽略)
7	目的主机不认识	无路由到达主机	15	优先权中止生效	(忽略)

4.基于 ICMP 的应用程序

目前,网络中常用的基于 ICMP 的应用程序主要有 ping 和 tracert 命令。

(1)ping 命令是调试网络最有用的工具之一。在 IP 层,ping 发出 ICMP Echo 请求报文并监听其回应。通过执行 ping 命令主要可获得如下信息:检测网络的连通性;确定是否有数据报被丢失、复制或重传;根据返回的时间戳信息可以计算出数据包交换的时间;校验每一个收到的数据报,以确定数据报是否损坏。

常用参数:

-t:不停地向目标主机发送数据,以校验与指定计算机的连接,直到用户中断。

-n count:发送由 count 指定数据的 ECHO 报文,默认值为 4。

-l length:发送包含由 length 指定数据长度的 ECHO 报文。缺少值为 64 字节,最大值为 8 192 字节。

-i ttl:将"生存时间"字段设置为由 ttl 指定的数值。

-s count:指定由 count 指定的转发次数的时间戳。

-w timeout:以毫秒为单位指定超时间隔。

destination -list:指定要校验连接的远程计算机。

(2)tracert 命令是用来获得从本地计算机到目的主机的路径信息的。tracert 通过发送数据报到目的设备并直到其应答,通过应答报文得到路径和时延信息。一条路径上的每个设备 tracert 要测 3 次,输出结果中包括每次测试的时间(ms)和设备的名称(如果有的话)或 IP 地址。

该程序通过向目的地发送具有不同生存时间(TTL)的 ICMP 回送请求报文,以确定至目的地的路由。路径上的每个路由器都要在转发该 ICMP 报文前将其 TTL 值至少减 1,因此 TTL 是有效的跳转计数。当报文的 TTL 值减少到 0 时,路由器向源系统发回 ICMP 超时信息。

常用参数:

-d:指定不对计算机名解析地址。

-h maximum_hops:指定查找目标的跳转的最大数目。

-j computer -list:指定在 computer -list 中的松散源路由。

-w timeout:等待由 timeout 对每个应答指定的毫秒数。

target_name:目标计算机的名称。

五、实验步骤

步骤 1:利用交换机连接星型拓扑结构的局域网。(192.168.10/24)

步骤 2:在主机 A(192.168.10.150)、主机 B(192.168.10.200)上运行网路岗软件,开始截获数据报文。

步骤 3:ICMP 询问报文分析。

①在主机 A 的命令行窗口中执行 ping 192.168.10.200 命令。执行完后,两台主机停

止网路岗报文截获,截获的数据报文如图 6-2 所示。我们会找到 4 组 ICMP 类型的报文。

序号	时间	类型	长度	源IP	源...	源MAC	目的IP	目的端口
▷ 35	22:36.406	UDP	1482	192.168.10.18	1042	00:22:68:77:48:BA	255.255.255.255	1689
▷ 36	22:36.640	ICMP	74	192.168.10.150		00:22:68:77:49:82	192.168.10.200	
▷ 37	22:36.828	ICMP	74	192.168.10.200		00:21:5A:DD:00:AA	192.168.10.150	
▷ 38	22:37.0	UDP	92	192.168.10.6	137	00:22:68:77:49:10	192.168.255.255	137
▷ 39	22:37.750	UDP	92	192.168.10.6	137	00:22:68:77:49:10	192.168.255.255	137
▷ 40	22:37.812	ICMP	74	192.168.10.150		00:22:68:77:49:82	192.168.10.200	
▷ 41	22:37.812	ICMP	74	192.168.10.200		00:21:5A:DD:00:AA	192.168.10.150	
▷ 42	22:38.500	UDP	92	192.168.10.6	137	00:22:68:77:49:10	192.168.255.255	137
▷ 43	22:38.640	UDP	89	192.168.10.5	1004	00:22:68:77:48:B6	255.255.255.255	1004
▷ 44	22:38.968	ICMP	74	192.168.10.150		00:22:68:77:49:82	192.168.10.200	
▷ 45	22:38.968	ICMP	74	192.168.10.200		00:21:5A:DD:00:AA	192.168.10.150	
▷ 46	22:40.0	UDP	1482	192.168.10.18	1025	00:22:68:77:49:82	255.255.255.255	1689
▷ 47	22:40.62	UDP	1482	192.168.10.18	1042	00:22:68:77:48:BA	255.255.255.255	1689
▷ 48	22:40.125	ICMP	74	192.168.10.150		00:22:68:77:49:82	192.168.10.200	
▷ 49	22:40.125	ICMP	74	192.168.10.200		00:21:5A:DD:00:AA	192.168.10.150	

图 6-2　主机 A 上截取的数据报文

②分析截获的 ICMP 报文,包括有几个 ICMP 报文,分别属于哪些种类,对应的种类和代码字段分别是什么。试分析报文中的哪些字段保证了回送请求报文和回送应答报文一一对应。

步骤 4:ICMP 差错报文分析。在主机 A 上运行网路岗软件,在命令行窗口执行 ping 192.168.2.3 命令,执行完后,停止报文截获。比较这次截获的报文和在步骤 3 中截获的报文有何不同。

步骤 5:使用 tracert 命令。在主机 A 上执行网路岗软件,在命令解释程序中执行 tracert www.baidu.com 命令,查看输出的结果,简述 tracert 的工作过程。对应截获的数据包(ICMP 报文),分析哪些是询问报文,哪些是差错报告报文,类型值是多少。

六、实验总结

完成该实验后,需要从以下几个方面进行总结:

(1)通过实验,了解 ICMP 报文的格式和协议的内容,重点对 ICMP 询问报文和差错报告报文的典型应用进行分析。

(2)使用 ICMP 协议的常见网络应用有哪些? 请熟练操作,并能对提取的报文加以分析。

实验七　IP 协议分析

一、实验目的

分析 IP 报文格式和 IP 层的路由功能。

二、实验设备与环境

（1）主机、交换机、路由器 1 台（带以太网端口），网线若干。

（2）通过交换机组建局域网，通过路由器连接因特网。

（3）实验组网如图 7-1 所示。

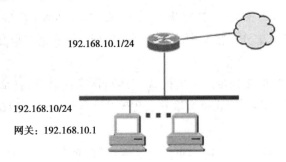

图 7-1　网络层实验组网图

三、实验内容

结合实验六的内容，分析 IP 协议报文格式，体会 IP 地址的编址方法和数据报文发送、转发的过程。

四、实验原理

1.IP 报文格式

IP 数据报由首部和数据两部分组成。首部的前面部分有固定长度 20 字节的内容，是所有 IP 数据报必须具有的。在首部的固定部分的后面是一些可选字段，其长度是可变的。IP 数据报格式如图 7-2 所示。

2.IP 层的路由分析

数据报文在网络中的传输主要分为主机发送和路由器转发两种。主机发送数据报的方式为直接交付和间接交付。首先，主机将待发送数据报的目的地址同自己的子网掩码

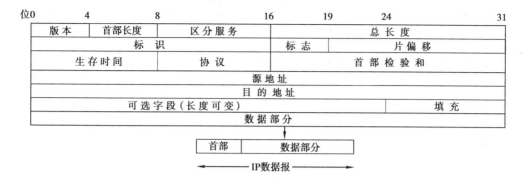

图 7-2　IP 数据报格式

进行逐位"与"运算,然后判断运算结果是否等于其所在的网络地址,是则将数据报直接交付到本网络;否则,发往下一跳路由器(一般为主机的默认网关)。

路由器转发数据报的一般算法:

①从收到数据报的首部提取目的 IP 地址 D。

②先判读是否为直接交付。对与路由器直接相连的网络逐个进行检查:各网络的子网掩码和 D 逐位运行"与"运算,看结果是否和相应的网络地址匹配。若匹配,则将分组进行直接交付(当然还需要把 D 转换成物理地址,把数据报封装成帧发送出去),转发任务结束;否则就是间接交付,执行③。

③若路由表中有目的地址为 D 的待定路由,则将数据报传送给路由表中所指明的下一跳路由器;否则,执行④。

④对路由表中的每一行(目的地址、子网掩码、下一跳地址),将其中的子网掩码和 D 逐位运行"与"运算,其结果为 N。若 N 与该行的目的网络地址匹配,则将数据报传送给该行指明的下一跳路由器;否则,执行⑤。

⑤若路由表中有一个默认路由,则将数据报传送给路由器中所指明的默认路由器;否则,执行⑥。

⑥报告转发分组出错。

路由表的生成可以分为静态配置和动态生成两种。对应的路由协议也有静态路由协议和动态路由协议。这部分内容将在第三部分路由器配置中介绍。

五、实验步骤

步骤 1:在实验六的基础上,打开网路岗软件,执行 tracert www.baidu.com 命令,截取 ICMP 数据报,分析第 1 个 ICMP 报文的 IP 协议部分,填写表 7-1。

步骤 2:分析 tracert 命令用到了网络层的哪些协议和哪些字段。

表 7-1 IP 协议树中各字段信息

字段名	字段长度	字段值	字段的表达信息

六、实验总结

完成该实验后,需要从以下几个方面进行总结:

(1)数据报文发送、转发的过程是什么？体会子网掩码的作用。

(2)熟悉 IP 协议报文格式。

(3)通过 tracert 命令体会在不同网络中传输数据报文时,网络设备通过查找路由表,确定目的地址是否可达及下一跳是哪个端口,从而实现路由功能。

实验八 TCP 协议基本分析

一、实验目的

(1)理解 TCP 报文首部格式和字段的作用。
(2)体会 TCP 连接的建立和释放过程。
(3)分析 TCP 数据传输中编号和确认的过程。

二、实验设备与环境

(1)通过交换机将工作站连接在一个局域网中,然后从交换机连接到路由器相应端口。
(2)网路岗软件。

三、实验内容

(1)在浏览器中打开一个网页,截取 TCP 报文。
(2)通过截获的 TCP 报文,分析 TCP 报文首部信息、TCP 连接的建立和释放过程、TCP 数据的编号与确认机制。

四、实验原理

TCP(Transfer Control Protocol,传输控制协议)是一个面向连接的、端到端的、可靠的传输层协议。

1.TCP 的报文格式

TCP 的报文分为首部和数据两部分。首部又分为固定部分和选项部分,固定部分共20 个字节,如图 8-1 所示。首部的主要字段有源端口、目的端口、序号、确认号、数据偏移、保留、码元比特、窗口、校验和、紧急指针、选项和填充字段。正是这些字段作用的有机结

位0　　　　4　　　　　10　　　　　16　　　　　　24　　　　31				
源 端 口			目 的 端 口	
序 号				
确 认 号				
数据偏移	保 留	码 元 比 特	窗 口	
检 验 和			紧 急 指 针	
选 项（长度可变）				填 充

图 8-1　TCP 报文段的首部

合,实现了 TCP 的全部功能。

其中码元比特依次是紧急 URG、确认 ACK、推送 PSH、复位 RST、同步 SYN 和终止 FIN。TCP 协议采用运输连接的方式传送 TCP 报文,运输连接包括连接建立、数据传送和连接释放 3 个阶段。

2.TCP 的运输连接

（1）TCP 连接的建立。

TCP 连接的建立采用了 3 次握手方式。

首先,主机 A 的 TCP 向主机 B 的 TCP 发出连接请求报文段,其首部中的同步位 SYN 置 1,同时选择一个序号 x,表明在后面传送数据时的第一个数据字节的序号是 $x+1$,如图 8-2 所示。

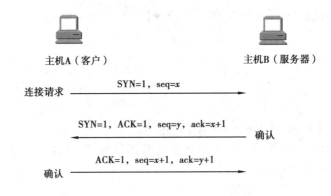

图 8-2　TCP 连接的建立

然后,主机 B 的 TCP 收到连接请求报文段后,若同意,则发回确认。在确认报文段中应将 SYN 和 ACK 都置 1,确认号应为 $x+1$,同时也为自己选择一个序号 y。

最后,主机 A 的 TCP 收到 B 的确认后,要向 B 发回确认,其 ACK 置 1,确认号为 $y+1$,而自己的序号为 $x+1$。TCP 的标准规定,ACK 报文段可以携带数据,但如果不携带数据则不消耗序号。

当 B 收到 A 的确认后,通知其上层应用进程,连接已经建立。

（2）TCP 数据的传送。

TCP 协议采用面向字节的方式,将报文段的数据部分进行编号,每一个字节对应一个编号。在连接建立时,双方商定初始序号。在报文段首部中,序号字段和数据部分长度可以确定发送方传送数据的每一个字节的序号,确认号字段则表示接收方希望下次收到的数据的第一个字节的序号,即表示这个序号之前的数据字节均已收到。这样,既做到了可靠传输,又做到了全双工通信。

（3）TCP 连接的释放。

在数据传输结束后,通信的双方都可以发出释放连接请求,并且不再发送数据。TCP 连接释放过程如图 8-3 所示。

首先,主机 A 的应用进程先向 TCP 发出释放连接请求,并且不再发送数据。TCP 通知对方要释放从 A 到 B 这个方向的连接,将发往主机 B 的 TCP 报文段首部的终止位 FIN 置 1,其序号 u 等于前面已传过的数据的最后一个字节的序号加 1。

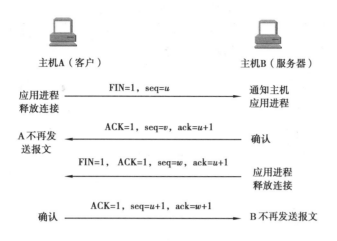

图 8-3 TCP 连接释放过程

主机 B 的 TCP 收到释放连接通知后即发出确认,其序号为 v,确认号 ack 为 $u+1$,同时通知高层应用进程。这样,从 A 到 B 的连接就释放了,连接处于半关闭状态。

此后,主机 B 不再接收主机 A 发来的数据。但如果主机 B 还有一些数据要发往主机 A,则可以继续发送。主机 A 只要正确收到数据,仍向主机 B 发送确认。

若主机 B 不再向主机 A 发送数据,其应用进程就通知 TCP 释放连接。主机 B 发出的连接释放报文段将终止位 FIN 和确认位 ACK 置 1,序号为 w(在半关闭状态下 B 可能又发送了一些数据)。但还必须重复上次已发送过的 ack＝$u+1$。主机 A 必须对此发出确认,将 ACK 置 1,ack＝$w+1$,而自己的序号是 $u+1$。这样把 B 到 A 的反方向连接释放掉。主机 A 的 TCP 再向其应用进程报告,整个连接已经全部释放。

五、实验步骤

步骤 1:正确配置 IP 地址,实验组网参见图 7-1。

步骤 2:在主机 A 上运行网路岗软件进行报文截获。

步骤 3:在主机 A 上打开百度网站 http://www.baidu.com,网页打开显示完毕后,关闭浏览器,停止网路岗数据截获,分析截取的报文。

①TCP 的连接和建立采用的方式是什么? 主机 A 的角色是什么?

②截获报文中数据发送部分的第一条 TCP 报文及其确认报文,将 TCP 报文首部各字段名、字段长度、字段表达信息填入表 8-1 中。

③分析 TCP 连接的建立过程,根据 TCP 建立过程的 3 个报文,填写表 8-2。

④TCP 连接建立时,其报文首部与其他 TCP 报文不同,有一个 Option 字段,它的作用是什么,值是多少?

⑤分析 TCP 连接的释放过程,选择 TCP 连接释放的 4 个报文,将报文信息填入表 8-3。

⑥分析 TCP 数据传送阶段的前 8 个报文,将报文信息填入表 8-4。

表 8-1　TCP 报文首部信息

| 字段名 | 长　度 | 字段值 | | 字段意义 |
		发送报文	确认报文	

表 8-2　TCP 建立过程的 3 个报文信息

字段名称	第一条报文	第二条报文	第三条报文
报文序号			
Sequence Number			
Acknowledgement Number			
ACK			
SYN			

表 8-3　TCP 连接释放的 4 个报文信息

字段名称	第一条报文	第二条报文	第三条报文	第四条报文
报文序号				
Sequence Number				
Acknowledgement Number				
ACK				
SYN				

表 8-4　TCP 数据传送阶段的前 8 个报文

报文序号	报文种类（发送/确认）	序号字段	确认号字段	数据长度	被确认报文序号	窗口

六、实验总结

完成该实验后,需要从以下几个方面进行总结:

(1)通过分析截获的 TCP 报文首部信息,可以看到首部中的序号、确认号等字段是 TCP 可靠连接的基础。

(2)通过分析 TCP 连接的 3 次握手建立和 4 次握手的释放过程,理解 TCP 连接建立和释放的机制和码元比特字段的作用。

(3)通过对数据传送阶段报文的初步分析,了解数据的编号和确认机制。

实验九　UDP 协议分析

一、实验目的

分析 UDP 协议报文格式。

二、实验设备与环境

同实验八。

三、实验内容

通过访问任一网站或运行 QQ 程序截获 UDP 报文,分析 UDP 协议报文格式。

四、实验原理

1.UDP 协议

UDP(User Datagram Protocol)的中文意思是用户数据报协议。在网络中它与 TCP 协议一样,位于传输层,用于处理 UDP 数据报。UDP 是一种无连接的协议,在传输中只是尽最大努力交付,不保证可靠交付。传输过程中没有报文确认信息,不支持拥塞控制,适合那些在计算机之间传输数据的网络应用(包括多媒体应用、网络视频会议系统等)。

2.UDP 的报文格式

UDP 是面向报文的。UDP 对应用层交下来的报文,既不合并,也不拆分。封装 UDP 首部字段后,构成用户数据报。UDP 的首部开销小,只有 8 个字节,如图 9-1 所示。

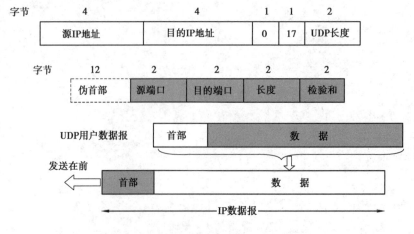

图 9-1　UDP 用户数据报的首部和伪首部

五、实验步骤

步骤 1:在主机 A 上运行网路岗软件,开始截获数据。

步骤 2:在主机 A 上任意打开一个网页,如百度的首页,停止网路岗截获数据。

步骤 3:分析截获的 UDP 报文,将 UDP 协议树中各字段名、字段长度、字段值、字段表达信息填入表 9-1 中。

表 9-1　UDP 报文结构

字段名	字段长度	字段值	字段表达信息

步骤 4:运行 QQ 应用程序,截取 UDP 报文并分析。

步骤 5:分析 UDP 报文结构和 TCP 报文结构有什么区别,分析 UDP 协议和 TCP 协议的不同之处。

六、实验总结

完成该实验后,需要从以下几个方面进行总结:

(1)通过截获 UDP 协议报文,分析 UDP 报文首部格式,与 TCP 报文比较,理解 UDP 协议报文的传输没有建立连接,传输过程中也没有确认,UDP 协议是无连接的、不可靠的传输层协议。

(2)思考:经过实验步骤 1、2、3 所截获的 UDP 报文,对应的是哪个应用程序?

实验十　HTTP 协议分析

一、实验目的

(1)分析 HTTP 协议报文首部格式。

(2)理解 HTTP 协议的工作过程。

二、实验设备与环境

同实验八。

三、实验内容

(1)打开网页,截获 HTTP 报文,分析 HTTP 协议报文首部格式。

(2)学习 HTTP 协议工作过程。

四、实验原理

超文本传输协议(HTTP,HyperText Transfer Protocol)是一种详细规定了万维网浏览器和万维网服务器之间互相通信的规则,通过因特网传送万维网文档的数据传送协议。HTTP 是一个应用层协议,它使用 TCP 连接进行可靠的传输。HTTP 的 URL 的一般形式是:

http://<主机>:<端口>/<路径>

HTTP 的默认端口号是80,通常可以省略。若省略路径,则 URL 就指到因特网上的某个主页。

WWW 采用 B/S 结构,客户使用浏览器在 URL 中输入 HTTP 请求,即输入对方服务器的地址,向 Web 服务器提出请求。如访问百度首页 http://www.baidu.com,具体的工作过程如下:

①浏览器分析链接指向页面的 URL。

②浏览器向 DNS 请求解析 www.baidu.com 的 IP 地址。

③域名系统 DNS 解析出百度的 IP 地址是 115.239.210.27。

④浏览器与服务器建立 TCP 连接(在服务器端 IP 地址是 115.239.210.27,端口号是80)。

⑤浏览器发出取文件命令:GET /index.php。

⑥服务器 www.baidu.com 给出响应,把文件 index.php 发送给浏览器。

⑦释放 TCP 连接。

⑧浏览器显示"百度首页"的页面。

五、实验步骤

步骤 1:在客户机上打开网路岗软件,进行报文截获。

步骤 2:从浏览器上访问 http://www.baidu.com 页面,具体操作为打开、浏览、关闭网页。

步骤 3:停止报文截获,分析报文。

①从众多的 HTTP 报文中选择两条报文,一条是 HTTP 请求报文(即 get 报文),另一条是 HTTP 应答报文,将报文信息填入表 10-1 中。

表 10-1　HTTP 报文信息

No.	Source	Destination	Info.

②分析 HTTP 协议请求报文格式,填写表 10-2 中各字段的值。

表 10-2　HTTP 请求报文格式

字段名	字段长度	字段表达信息

③分析 HTTP 协议应答报文格式,填写表 10-3 中应答报文各字段的实际值。

表 10-3　HTTP 应答报文格式

字段名	字段长度	字段表达信息

④综合分析截获的报文,概括 HTTP 协议的工作过程,将结果填入表 10-4 中。

表 10-4　综合分析 HTTP 报文

步　骤	所包括的报文序号	主要完成的功能
DNS 解析过程		
TCP 连接的建立过程		
HTTP 的文件传输过程		
TCP 连接释放过程		

六、实验总结

完成该实验后,需要从以下几个方面进行总结:

(1)分析常见的应用层协议有哪些。

(2)通过打开网页截获报文,分析 HTTP 协议的报文格式和工作过程。

(3)在浏览器中打开一个网页,试分析使用了 TCP/IP 中的哪些协议。

第三部分

交换机、路由器配置

◆ CLI 的使用与 IOS 基本命令

◆ 路由配置(静态路由、默认路由、动态路由)

◆ NAT

◆ 安全控制

◆ VLAN 的配置

说明:常用的交换机、路由器有思科、华为、H3C 等品牌,不同厂家的设备在配置时使用的命令不同,但是配置设备的基本原理是一致的。本教材中的实验主要采用的是思科的设备,供同学们选用不同设备时参考。

实验十一 CLI 的使用与 IOS 基本命令

一、实验目的

(1)熟悉路由器 CLI 的各种模式、路由器 CLI 的各种编辑命令。

(2)掌握路由器的 IOS 基本命令。

(3)学会查看路由器的有关信息。

二、实验设备与环境

Cisco 2924 交换机、Cisco 2600 路由器两台、配置线一根、PC 机,3 人一小组。

三、实验内容

(1)了解路由器的配置环境。

(2)熟悉不同配置模式,掌握常用配置命令。

四、实验原理

1.基本概念

IOS(Internetwork Operation System)是路由器和交换机的操作系统的简称。IOS 的配置方式一般分为三种:Setup 模式(对话模式)、HTTP 模式(Web)以及 CLI(Command-Line Interface)模式(命令行)。CLI 是一种对 IOS 操作系统的设置方式。

2.命令模式

思科路由器的 IOS 为系统命令的管理及执行专门提供了一个命令处理子系统。用户通过命令配置路由器时,系统为命令的执行提供了多种运行模式。每种命令模式分别支持特定的 IOS 配置命令,从而达到分级保护系统的目的,确保系统不受未经授权的访问。不同的模式对应于不同的系统提示符,表 11-1 描述了常用的命令模式,完整的命令模式请查阅设备的配置手册。

3.常用命令

Router>enable	//进入特权模式
Password:	//输入进入特权模式的密码
Router#show version	//查看 IOS 的版本
Router#show flash	//查看 flash 内在使用情况
Router#show mac-address-table	//查看 MAC 地址列表
Router#show ?	//辅助显示命令帮助

Router#show interface f0/2　　　　　　　　//显示接口信息
Router#show run　　　　　　　　　　　　//显示路由器当前配置
Router#configure terminal　　　　　　　　//进入全局配置模式
Router(config)#hostname CoreSW　　　　　//修改设备名字
CoreSW(config)# interface Ethernet 0　　　//进入外部以太网口配置
CoreSW(config-if)#ip address IP 地址 子网掩码　　//配置以太网口地址
CoreSW(config-if)#exit　　　　　　　　　//退出接口配置模式

表 11-1　常用命令模式

命令模式	模式进入方式	系统提示符	退出方法	功能说明
普通用户模式	Log in	Router>	Logout	改变终端设置;执行基本测试;显示系统信息
特权用户模式	在普通用户模式下执行 enable 命令	Router#	disable、exit 或 logout	配置路由器运行参数
全局配置模式	在特权用户模式下,执行 configure terminal 命令	Router(config)#	exit 或 end Ctrl-z	配置路由器运行所需的全局参数
接口配置模式	在全局模式下执行 interface type number 命令,例如:interface serial 0/0	Router(config-if)#	执行 exit 退回到全局配置模式;执行 Ctrl-z 直接退回到特权用户模式	配置路由器接口,包括 Ethernet 接口

五、实验步骤

1.连接

步骤 1:物理连接。用 Cisco 2600 路由器自带的一条串行电缆将路由器的 Console 口与一台计算机的串口(COM)相连接,如图 11-1 所示。

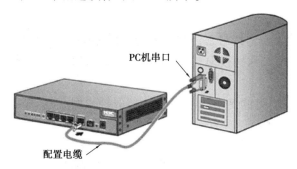

图 11-1　路由器与终端的连接

步骤2:设置终端软件。启动计算机,依次单击"开始"→"程序"→"附件"→"超级终端",在"连接"描述对话框的名称栏中输入超级终端的名字,单击"确定"按钮。在"新建连接"窗口中选择"COM1"串口,在弹出的"COM1 属性"对话框中设置端口通信参数:9 600 bps、8 位数据位、1 位停止位、无奇偶校验和无流量控制,如图 11-2 所示。

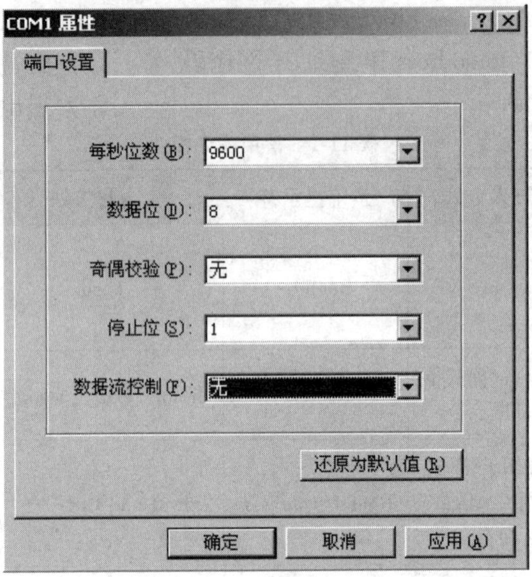

图 11-2　端口参数设置

步骤3:打开路由器。路由器上电自检,显示路由器的启动信息,这时就可以像在终端一样对路由器进行操作。键入回车后,命令行显示提示符(如 Router>),键入相关命令可以配置设备或查看设备运行状态。

2.基本操作

步骤 1:用户模式和特权模式的切换。

Router>

Router>enable

Router#

Router#disable

Router>

说明:"Router"是路由器的名字,而">"代表用户模式的提示符。"enable"命令可以使路由器从用户模式进入到特权模式,"disable"命令则相反,在特权模式下的提示符为"#"。

步骤 2:"?"和【Tab】键的使用,以配置路由器时钟为例。

Router>enable

Router#clok

Translating "clok"…domain server (255.255.255.255)

(255.255.255.255)

Translating "clok"…domain server(255.255.255.255)

% Unknown command or computer name, or unable to find computer address

//以上表明输入了错误的命令

Router#cl?

clear clock

//路由器列出了当前模式下可以使用的以"cl"开头的所有命令

Router#clock

% Incomplete command.

//路由器提示命令输入不完整

Router#clock ?

set Set the time and date

//要注意的是"?"和"clock"之间要有空格,否则将得到不同的结果。如果不加空格,路由器以为你想列出以"clock"字母开头的命令,而不是想列出"clock"命令的子命令或参数

Router#clock set ?

hh:mm:ss Current Time

Router#clock set 11:36:00

% Incomplete command.

Router#clock set 11:36:00 ?

<1-31> Day of the month

MONTH Month of the year

Router#clock set 11:36:00 12 ?

MONTH Month of the year

//以上多次使用"?"帮助命令,获得了"clock"命令的格式

Router#clock set 11:36:00 12 08

    ^

% Invalid input detected at '^' marker.

//路由器提示输入了无效的参数,并用"^"指示错误的所在

Router#clock set 11:36:00 12 august

% Incomplete command.

Router#clock set 11:36:00 12 august 2003

Router#show clock

11:36:03.149 UTC Tue Aug 12 2003

//到此成功配置了路由器的时钟,通常如果命令成功,路由器不会有任何提示。在 CLI 下,可以直接使用"?"命令获得当前模式下的全部命令。例如:

Router# ?

Exec commands:

access-enable Create a temporary Access-List entry

access-profile Apply user-profile to interface

access-template Create a temporary Access-List entry

....//为了节约篇幅,此处省略了部分输出

erase Erase a filesystem

exit Exit from the EXEC

help Description of the interactive help system

--More—

//多于一屏的内容时,按回车键显示下一行,按空格键显示下一页,按其他键则退出

Router#disable

Router>en

Router#

//在 CLI 中,命令是可以缩写的,但前提是路由器要能够区分,如下:

Router#dis

% Ambiguous command: "dis"

Router#dis?

disable disconnect

//使用"dis"不能退出特权模式的原因是路由器无法区分出"dis"代表"disable"还是
"disconnect"。若再加多一个字母"a"就可以区分了

Router#disa

Router>en【Tab】

Router>enable

Router#conf【Tab】 t【Tab】

Router#configure terminal

Router(config)#

//可以使用【Tab】键帮助我们自动完成命令

步骤 3:IOS 编辑命令与历史命令缓存大小。

Router#show history   //显示历史命令

Router#terminal editing   //打开编辑功能,试试用上下左右光标键移动光标

Router#terminal history size 50   //把缓存的历史命令数改为 50,默认值为 10

Router#terminal no editing   //关闭 terminal 的编辑功能

步骤 4:基本 IOS 命令。

①先连接到 R1 路由器。

Router>enable

Router#configure terminal

Enter configuration commands, one per line. End with CNTL/Z.

Router(config)#hostname R1   //改变路由器的名称为"R1",设置立即生效

R1(config)#enable password cisco   //改变 enable 的密码为"cisco",这个密码
                                     是从用户模式进入特权模式的密码

R1(config)#interface g0/0　　　　　　//进入接口模式,这里是千兆以太网口(第 0 个

插槽的第 0 个接口,编号从 0 开始)

R1(config-if)#ip address 10.1.1.1 255.255.255.0　//给以太接口配置一个 IP 地址

10.1.1.1,掩码为 255.255.255.0

R1(config-if)#no shutdown　　//开启以太网口,默认时路由器的各个接口是关闭的

R1(config-if)#exit　　　　　　//退回到上一级模式

R1(config)#interface s0/0/0 //进入到接口模式,这里是串行接口

R1(config-if)#ip address 10.12.12.1 255.255.255.0　　//给串行接口配置一个 IP 地址

R1(config-if)#no shutdown　　　　　　　　　　　//开启接口

R1(config-if)#end(或【Ctrl+Z】)　　　　　　　　//结束配置直接回到特权模式下

R1#copy running-config startup-config

Destination filename[startup-config]?

Building configuration...

[OK]　　　　　　//把内存中的配置保存到 NVRAM 中,路由器开机时会读取它

②连接到 R2 路由器上。

Router>enable

Router#configure terminal

Enter configuration commands, one per line. End with CNTL/Z.

Router(config)#hostname R2

R2(config)#enable password cisco

R2(config)#interface g0/0

R2(config-if)#ip address 10.2.2.2 255.255.255.0

R2(config-if)#no shutdown

R2(config-if)#exit

R2(config)#interface s0/0/0

R2(config-if)#ip address 10.12.12.2 255.255.255.0

R2(config-if)#clock rate 128000　　　　　　//R2 这一端是 DCE,需要配置时钟

R2(config-if)#no shutdown

R2(config-if)#end

R2#copy running-config startup-config

Destination filename[startup-config]?

Building configuration...

[OK]

R2#ping 10.12.12.1

Type escape sequence to abort.

Sending 5, 100-byte ICMP Echos to 10.1.14.126, timeout is 2 seconds：

!!!!!

Success rate is 100 percent （5/5），round-trip min/avg/max ＝ 1/1/4 ms

说明：从 R2 ping R1 的串行接口，可以 ping 通。

步骤 5：各种"show"命令。

R2#show version   //显示 IOS 的版本信息、ROM 的版本信息等

R2#show running-config   //显示路由正在使用的配置文件（存放在 RAM 中）

R2#show startup-config   //显示路由 NVRAM 中的配置文件

R2#show interface s0/0/0   //显示接口的状态、IP 地址、接口的 MTU、带宽、延时、
               可靠性、负载大小等信息

R2#show flash   //显示 flash 中存放 IOS 的情况、flash 总大小、可用空间

R2#show controllers s0/0/0   //显示 s0/0/0 接口的信息

R2#show ip arp   //显示路由中缓存的 ARP 表

六、实验总结

完成该实验后，需要从以下几个方面进行总结：

（1）观察路由器的外观，熟悉各个接口的功能、作用。

（2）配置路由器时常用哪些命令模式？熟悉它们之间相互转换的过程。

（3）通过实验，熟悉配置路由器时命令输入的技巧和方法，能看懂配置手册。

（4）能进行简单的路由器配置，实现在两台路由器间通信。

实验十二　静态路由

一、实验目的

（1）理解路由表的概念，掌握 ip route 命令的使用。

（2）能根据需求正确配置静态路由。

二、实验设备与环境

Cisco 2924 交换机、Cisco 2600 路由器 3 台、配置线一根、PC 机。

三、实验内容

按照图 12-1 所示的实验拓扑图连接，使得拓扑图中 1.1.1.0/24、2.2.2.0/24、3.3.3.0/24 网络之间能够互相通信。

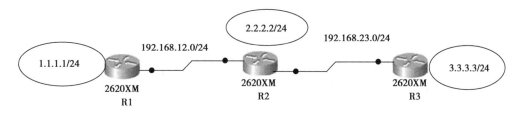

图 12-1　实验拓扑图

四、实验原理

静态路由是指由用户或网络管理员手工配置的路由信息。当网络的拓扑结构或链路的状态发生变化时，网络管理员需要手工去修改路由表中相关的静态路由信息。静态路由信息在缺省情况下是私有的，不会传递给其他的路由器。当然，网管员也可以通过对路由器进行设置使之共享。静态路由一般适用于比较简单的网络环境，在这样的环境中，网络管理员易于清楚地了解网络的拓扑结构，便于设置正确的路由信息。静态路由是非自适应性路由计算协议，是由管理员手动配置的，不能够根据网络拓扑的变化而变化。因此，静态路由非常简单，适用于非常简单的网络。

配置静态路由的命令为"ip route"，命令的格式如下：

ip route 目的网络 掩码 ｛网关地址 ｜ 接口 ｝

例如：ip route 192.168.1.0 255.255.255.0 s0/0

ip route 192.168.1.0 255.255.255.0 12.12.12.2

在写静态路由时，如果链路是点到点的链路（例如 PPP 封装的链路），采用网关地址和接口都是可以的；如果链路是多路访问的链路（例如以太网），则只能采用网关地址，即不能是：ip route 192.168.1.0 255.255.255.0 f0/0。

五、实验步骤

1.在各路由器上配置 IP 地址、保证直连链路的连通性

步骤 1：在 R1 上配置 IP 地址。

R1(config)#int loopback0

R1(config-if)#ip address 1.1.1.1 255.255.255.0

R1(config)#int s0/0/0

R1(config-if)#ip address 192.168.12.1 255.255.255.0

R1(config-if)#no shutdown

步骤 2：在 R2 上配置 IP 地址。

R2(config)#int loopback0

R2(config-if)#ip address 2.2.2.2 255.255.255.0

R2(onfig)#int s0/0/0

R2(config-if)#clock rate 128000

R2(config-if)#ip address 192.168.12.2 255.255.255.0

R2(config-if)#no shutdown

R2(config)#int s0/0/1

R2(config-if)#clock rate 128000

R2(config-if)#ip address 192.168.23.2 255.255.255.0

R2(config-if)#no shutdown

步骤 3：在 R3 上配置 IP 地址。

R3(config)#int loopback0

R3(config-if)#ip address 3.3.3.3 255.255.255.0

R3(config-if)#int s0/0/1

R3(config-if)#ip address 192.168.23.3 255.255.255.0

R3(config-if)#no shutdown

2.在各路由器上进行静态路由配置

步骤 1：R1 上配置静态路由。

R1(config)#ip route 2.2.2.0 255.255.255.0 s0/0/0

说明：下一跳为接口形式，s0/0/0 是点对点的链路，注意应该是 R1 上的 s0/0/0 接口。

R1(config)#ip route 3.3.3.0 255.255.255.0 192.168.12.2

说明：下一跳为 IP 地址形式，192.168.12.2 是 R2 上的 IP 地址

步骤 2：R2 上配置静态路由。

R2(config)#ip route 1.1.1.0 255.255.255.0 s0/0/0

R2(config)#ip route 3.3.3.0 255.255.255.0 s0/0/1

步骤 3:R3 上配置静态路由。

R3(config)#ip route 1.1.1.0 255.255.255.0 s0/0/1

R3(config)#ip route 2.2.2.0 255.255.255.0 s0/0/1

3.在 R1、R2、R3 上查看路由表

R1#show ip route

显示结果如图 12-2 所示。

```
Codes: C – connected, S – static, R – RIP, M – mobile, B – BGP
D – EIGRP, EX – EIGRP external, O – OSPF, IA – OSPF inter area
N1 – OSPF NSSA external type 1, N2 – OSPF NSSA external type 2
E1 – OSPF external type 1, E2 – OSPF external type 2
i – IS–IS, su – IS–IS summary, L1 – IS–IS level–1, L2 – IS–IS level–2
ia – IS–IS inter area, * – candidate default, U – per–user static route
o – ODR, P – periodic downloaded static route
Gateway of last resort is not set
C   192.168.12.0/24 is directly connected, Serial0/0/0
1.0.0.0/24 is subnetted, 1 subnets
C   1.1.1.0 is directly connected, Loopback0
2.0.0.0/24 is subnetted, 1 subnets
S   2.2.2.0 is directly connected, Serial0/0/0
3.0.0.0/24 is subnetted, 1 subnets
S   3.3.3.0 [1/0] via 192.168.12.2
```

图 12-2　查看路由器 R1 的路由表结果

R2#show ip route

R3#show ip route

说明:此处略去了路由器 R2、R3 的路由表显示结果。

4.从各路由器的环回口 ping 其他路由器的环回口,以检测路由器是否配置正确

R1#ping 2.2.2.2 source loopback 0

显示结果如图 12-3 所示。

```
Type escape sequence to abort.
Sending 5, 100–byte ICMP Echos to 2.2.2.2, timeout is 2 seconds:
Packet sent with a source address of 1.1.1.1
!!!!!
Success rate is 100 percent (5/5), round–trip min/avg/max = 12/14/16 ms
```

图 12-3　从 R1 ping R2 的显示结果

R2#ping 1.1.1.1 source loopback 0

R2#ping 3.3.3.3 source loopback 0

说明:从 R2 的 loopback0 应该可以 ping 通 R1 和 R3 的 lopback0 接口。

R3#ping 1.1.1.1 source loopback 0

R3#ping 2.2.2.2 source loopback 0

说明:从 R3 的 loopback0 也应该可以 ping 通 R1 和 R2 的 lopback0 接口。

六、实验总结

完成该实验后,需要从以下几个方面进行总结:

(1)通常在什么情况下使用静态路由?

(2)熟练掌握 ip address 命令的使用,理解各参数的意义。

(3)掌握静态路由的配置方法。

实验十三 默认路由

一、实验目的

掌握默认路由的使用场合，以及默认路由的配置。

二、实验设备与环境

Cisco 2924 交换机、Cisco 2600 路由器 3 台、配置线一根、PC 机。

三、实验内容

本实验的实验拓扑图和实验十二相同。完成在路由器 R2 上配置默认路由。

四、实验原理

默认路由是指路由器在路由表中如果找不到到达目的网络的具体路由时，最后会采用的路由。默认路由通常会在存根网络（Stub Network，即只有一个出口的网络）中使用。如图 12-1 所示，图中左边的网络到 Internet 上只有一个出口，因此可以在 R2 上配置默认路由。

命令为：ip route 0.0.0.0 0.0.0.0 ｛ 网关地址 ｜ 接口 ｝

例如：ip route 0.0.0.0 0.0.0.0 s0/0

ip route 0.0.0.0 0.0.0.0 12.12.12.2

五、实验步骤

在实验十二的基础上进行实验十三。

1.R1、R3 上删除原有静态路由

R1（config）#no ip route 2.2.2.0 255.255.255.0 Serial0/0/0

R1（config）#no ip route 3.3.3.0 255.255.255.0 192.168.12.2

R3（config）#no ip route 1.1.1.0 255.255.255.0 Serial0/0/1

R3（config）#no ip route 2.2.2.0 255.255.255.0 Serial0/0/1

2.R1、R3 上配置默认路由

R1（config）#ip route 0.0.0.0 0.0.0.0 s0/0/0

R3（config）#ip route 0.0.0.0 0.0.0.0 s0/0/1

六、实验总结

完成该实验后,需要从以下几个方面进行总结:

(1)默认路由的作用是什么?

(2)掌握 no ip route 命令的使用。

(3)IP 地址为 0.0.0.0 表示什么意思? 在实际应用中,哪些情况下可以使用这个地址?

实验十四　动态路由：RIP

一、实验目的

(1)掌握在路由器上启动 RIP v2 路由进程,能启用参与路由协议的接口,并且通告网络。

(2)掌握 auto-summary 的开启和关闭。

(3)能查看和调试 RIP v2 路由协议相关信息。

二、实验设备与环境

Cisco 2924 交换机、Cisco 2600 路由器 3 台、配置线一根、PC 机。

三、实验内容

本实验拓扑图和实验十二相同。实现在路由器上配置 RIP v2 协议,并验证配置结果。

四、实验原理

动态路由协议包括距离向量路由协议和链路状态路由协议。RIP(Routing Information Protocols,路由信息协议)是使用最广泛的距离向量路由协议。它是为小型网络环境设计的,因为这类协议的路由学习及路由更新将产生较大的流量,占用过多的带宽。

RIP 是由 Xerox 在 20 世纪 70 年代开发的,最初定义在 RFC1058 中。RIP 用两种数据包传输更新:更新和请求,每个有 RIP 功能的路由器默认情况下每隔 30 s 利用 UDP 520 端口向与它直连的网络邻居广播(RIP v1)或组播(RIP v2)路由更新。因此路由器不知道网络的全局情况,如果路由更新在网络上传播慢,将会导致网络收敛较慢,造成路由环路。为了避免路由环路,RIP 采用了水平分割、毒性逆转、定义最大跳数、闪式更新、抑制计时 5 个机制。

RIP 协议分为版本 1 和版本 2。不论哪个版本,都具备下面的特征:

①是距离向量路由协议;

②使用跳数(Hop Count)作为度量值;

③默认路由更新周期为 30 s;

④管理距离(AD)为 120;

⑤支持触发更新;

⑥最大跳数为 15 跳;

⑦支持等价路径,默认为 4 条,最大为 6 条;

⑧使用 UDP520 端口进行路由更新。

五、实验步骤

1.配置路由器 R1

R1（config）#router rip

R1（config-router）#version 2

R1（config-router）#no auto-summary

R1（config-router）#network 1.0.0.0

R1（config-router）#network 192.168.12.0

2.配置路由器 R2

R2（config）#router rip

R2（config-router）#version 2

R2（config-router）#no auto-summary

R2（config-router）#network 192.168.12.0

R2（config-router）#network 192.168.23.0

R2（config-router）#network 2.2.2.0

3.配置路由器 R3

R3（config）#router rip

R3（config-route））#version 2

R3（config-router）#no auto-summary

R3（config-router）#network 192.168.23.0

R3（config-router）#network 192.168.34.0

R3（config-router）#network 3.3.3.0

4.实验调试

show ip route

R1#show ip route

Codes：C-connected, S-static, I-IGRP, R-RIP, M-mobile, B-BGP

D-EIGRP, EX-EIGRP external, O-OSPF, IA-OSPF inter area

N1-OSPF NSSA external type 1, N2-OSPF NSSA external type 2

E1-OSPF external type 1, E2-OSPF external type 2, E-EGP

i-IS-IS, L1-IS-IS level-1, L2-IS-IS level-2, ia-IS-IS inter area

* -candidate default, U-per-user static route, o-ODR

P-periodic downloaded static route

Gateway of last resort is not set

R　1.0.0.0/8 ［120/1］ via 192.168.12.1, 00:00:04, FastEthernet0/0

　　2.0.0.0/24 is subnetted, 1 subnets

C　2.2.2.0 is directly connected, Loopback1

R　3.0.0.0/8 ［120/1］ via 192.168.23.2, 00:00:20, Ethernet1/0

C　192.168.12.0/24 is directly connected, FastEthernet0/0

C　192.168.23.0/24 is directly connected, Ethernet1/0

六、实验总结

完成该实验后,需要从以下几个方面进行总结:

(1)动态路由协议包括距离向量路由协议和链路状态路由协议。RIP 是使用最广泛的距离向量路由协议,它是为小型网络环境设计的,通常设置的最大跳数为 16。

(2)了解动态路由 RIP 的配置方法。

实验十五　静态 NAT 配置

一、实验目的

(1)认识静态 NAT 的特征。

(2)掌握静态 NAT 基本配置和调试。

二、实验设备与环境

Cisco 2600 路由器两台、交换机一台、PC 机两台。

三、实验内容

按照图 15-1 连接实验设备,实现 NAT 基本配置。

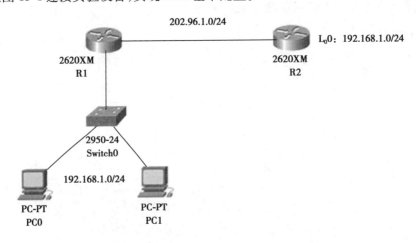

图 15-1　实验拓扑图

四、实验原理

Internet 技术的飞速发展,使越来越多的用户加入互联网,因此 IP 地址短缺已成为一个十分突出的问题。NAT(Network Address Translation,网络地址翻译)是解决 IP 地址短缺的重要手段。

NAT 是一个 IETF 标准,允许一个机构以一个地址出现在 Internet 上。NAT 技术使得一个私有网络可以通过 Internet 注册 IP 连接到外部世界,位于 Inside 网络和 Outside 网络中的 NAT 路由器在发送数据包之前,负责把内部 IP 地址翻译成外部合法 IP 地址。NAT 将每个局域网节点的 IP 地址转换成一个合法 IP 地址,反之亦然。它也可以应用到防火墙技术里,把个别 IP 地址隐藏起来不被外界发现,对内部网络设备起到保护的作用;同时,它还能使网络超越地址的限制,合理地安排网络中公有 Internet 地址和私有 IP 地址的使用。

NAT 有 3 种类型:静态 NAT、动态 NAT 和端口地址转换(PAT)。

静态 NAT 是将内部网络中的每个主机永久映射成外部网络中的某个合法地址。如果内部网络有 E-mail 服务器或 FTP 服务器等可以为外部用户提供的服务,这些服务器的 IP 地址必须采用静态地址转换,以便外部用户可以使用这些服务。

动态 NAT 是动态一对一的映射,首先要定义合法地址池,然后采用动态分配的方法映射到内部网络。

PAT 则是把内部地址映射到外部网络的 IP 地址的不同端口上,从而可以实现多对一的映射。PAT 对于节省 IP 地址是最为有效的。

五、实验步骤

1.配置路由器 R1,提供 NAT 服务

R1(config)#ip nat inside source static 192.168.1.1 202.96.1.3

//配置静态 NAT 映射

R1(config)#ip nat inside source static 192.168.1.2 202.96.1.4

R1(config)#interface g0/0

R1(config-if)#ip nat inside

//配置 NAT 内部接口

R1(config)#interface s0/0/0

R1(config-if)#ip nat outside

//配置 NAT 外部接口

R1(config)#router rip

R1(config-router)#version 2

R1(config-router)#no auto-summary

R1(config-router)#network 202.96.1.0

2.配置路由器 R2

R2(config)#router rip

R2(config-router)#version 2

R2(config-router)#no auto-summary

R2(config-router)#network 202.96.1.0

R2(config-router)#network 2.0.0.0

3.实验调试

步骤 1:debug ip nat　　　　　　　　　　　　　　　//查看地址翻译的过程

在 PC0 和 PC1 上 ping 2.2.2.2(路由器 R2 的环回接口),此时应该是通的,路由器 R1 的输出信息如下:

R1#debug ip nat

Mar 4 02:02:12.779:NAT:s=192.168.1.1->202.96.1.3,d=2.2.2.2 [20240]

＊Mar 4 02:02:12.791：NAT＊：s＝2.2.2.2,d＝202.96.1.3->192.168.1.1［14435］

……

＊Mar 4 02:02:25.563：NAT＊：s＝192.168.1.2->202.96.1.4,d＝2.2.2.2［25］

＊Mar 4 02:02:25.579：NAT＊：s＝2.2.2.2,d＝202.96.1.4->192.168.1.2［25］

……

以上输出表明了 NAT 的转换过程。首先把私有地址"192.168.1.1"和"192.168.1.2"分别转换成公网地址"202.96.1.3"和"202.96.1.4"访问地址"2.2.2.2",然后返回时把公网地址"202.96.1.3"和"202.96.1.4"分别转换成私有地址"192.168.1.1"和"192.168.1.2"。

步骤 2：show ip nat translations   //查看 NAT 表,静态映射时,NAT 表一直存在

R1#show ip nat translations

Pro	Inside global	Inside local	Outside local	Outside global
---	202.96.1.3	192.168.1.1	---	---
---	202.96.1.4	192.168.1.2	---	---

以上输出表明了内部全局地址和内部局部地址的对应关系。

术语说明：

①内部局部(Inside Local)地址：在内部网络使用的地址,往往是 RFC1918 地址。

②内部全局(Lnside Global)地址：用来代替一个或多个本地 IP 地址的、对外的、向 NIC 注册过的地址。

③外部局部(Outside Local)地址：一个外部主机相对于内部网络所用的 IP 地址。不一定是合法的地址。

④外部全局(Outside Global)地址：外部网络主机的合法 IP 地址。

六、实验总结

完成该实验后,需要从以下几个方面进行总结：

(1)为什么需要 NAT?

(2)如何指定 NAT 外部接口和内部接口?

(3)静态地址是如何映射的?

实验十六　安全控制：访问控制列表

一、实验目的

（1）掌握 ACL（Access Control List，访问控制列表）设计原则和工作过程。

（2）会定义标准 ACL，应用 ACL，能进行标准 ACL 调试。

二、实验设备与环境

Cisco 2600 路由器 3 台、PC 机 3 台。

三、实验内容

按照图 16-1 连接相关设备，实验拒绝 PC1 所在网段访问路由器 R2，同时只允许主机 PC2 访问路由器 R2 的 TELNET 服务。整个网络配置 EIGRP ，保证 IP 的连通性。

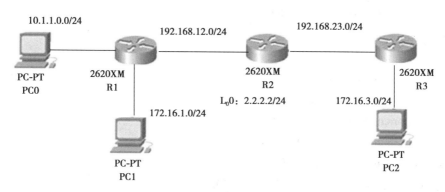

图 16-1　实验拓扑图

四、实验原理

随着大规模开放式网络的开发，网络面临的威胁也越来越多，网络安全问题成为网络管理员最为头疼的问题。一方面，为了业务的发展，必须允许对网络资源的开放访问；另一方面，又必须确保数据和资源尽可能安全。保护网络安全的技术有很多种，其中之一就是通过访问控制列表（ACL）对数据流进行过滤。

访问控制列表使用包过滤技术，在路由器上读取第三层及第四层包头中的信息，如源地址、目的地址、源端口、目的端口等，根据预先定义好的规则对包进行过滤，从而达到访问控制的目的。ACL 分很多种，不同场合应用不同种类的 ACL。标准 ACL 最简单，是通过使用 IP 包中的源 IP 地址进行过滤，表号范围是 1~99 或 1300~1999；扩展 ACL 比标准 ACL 具有更多的匹配项，功能更加强大和细化，可以针对包括协议类型、源地址、目的地址、源端口、目的端口、TCP 连接建立等进行过滤，表号范围是 100~199 或 2000~2699；以列表名称代替列表编号来定义 ACL，同样包括标准和扩展两种列表。本实验中采用标准 ACL。

通配符掩码是一个 32 比特位的数字字符串,它规定了当一个 IP 地址与其他 IP 地址进行比较时,该 IP 地址中哪些位应该被忽略。通配符掩码中的"1"表示忽略 IP 地址中对应的位,而"0"则表示该位必须匹配。两种特殊的通配符掩码是"255.255.255.255"和"0.0.0.0",前者等价于关键字"any",而后者等价于关键字"host"。

Inbound 和 outbound:当在接口上应用访问控制列表时,用户要指明访问控制列表是应用于流入数据还是流出数据。

五、实验步骤

1.配置路由器 R1

R1(config)#router eigrp 1

R1(config-router)#network 10.1.1.0 0.0.0.255

R1(config-router)#network 172.16.1.0 0.0.0.255

R1(config-router)#network 192.168.12.0

R1(config-router)#no auto-summary

2.配置路由器 R2

R2(config)#router eigrp 1

R2(config-router)#network 2.2.2.0 0.0.0.255

R2(config-router)#network 192.168.12.0

R2(config-router)#network 192.168.23.0

R2(config-router)#no auto-summary

R2(config)#access-list 1 deny 172.16.1.0 0.0.0.255   //定义 ACL

R2(config)#access-list 1 permit any

R2(config)#interface Serial0/0/0

R2(config-if)#ip access-group 1 in   //在接口下应用 ACL

R2(config)#access-list 2 permit 172.16.3.1

R2(config-if)#line vty 0 4

R2(config-line)#access-class 2 in   //在 vty 下应用 ACL

R2(config-line)#password cisco

R2(config-line)#login

3.配置路由器 R3

R3(config)#router eigrp 1

R3(config-router)#network 172.16.3.0 0.0.0.255

R3(config-router)#network 192.168.23.0

R3(config-router)#no auto-summary

4.实验调试

在 PC0 网络所在的主机上 ping 2.2.2.2,应该通,在 PC1 网络所在的主机上 ping 2.2.2.2,应该不通,在主机 PC2 上 TELNET 2.2.2.2,应该成功。

六、实验总结

完成该实验后,需要从以下几个方面进行

(1)访问控制列表的作用是什么？

(2)什么是通配符掩码？

(3)access-list 1 deny 172.16.1.0 0.0.0.25、

实验十七　交换机 VLAN 配置

一、实验目的

掌握交换机 VLAN 配置的基本方法。

二、实验设备与环境

Cisco 2924 交换机一台、Cisco 2600 路由器一台、配置线一根、PC 机一台。

三、实验内容

按照图 17-1 连接设备。在一台交换机上,将端口 Fa0/1、Fa0/2 划分为 Vlan 10,端口 Fa0/3、Fa0/4 划分为 Vlan20,端口 Fa0/5、Fa0/6 划分为 Vlan30,在划分 Vlan 后不同 Vlan 的端口不能直接通信。

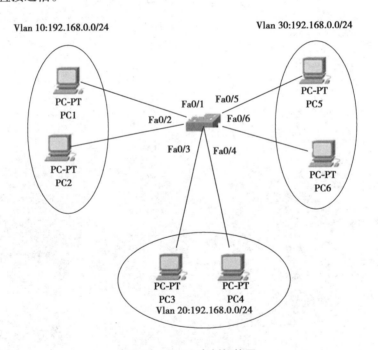

图 17-1　VLAN 实例拓扑图

四、实验原理

VLAN(Virtual Local Area Network,虚拟局域网)是一种将局域网设备从逻辑上划分成一个个网段,从而实现虚拟工作组的新兴数据交换技术。VLAN 除了能将网络划分为多个广播域,从而有效地控制广播风暴的发生,以及使网络的拓扑结构变得非常灵活外,还可以用于控制网络中不同部门、不同站点之间的互相访问。

五、实验步骤

1.创建 Vlan

在 Cisco IOS 中有两种方式创建 Vlan,在全局配置模式下使用 vlan vlanid 命令,如 switch(config)#vlan 10;使用 vlan database 命令,如 switch(vlan)vlan 20,如图 17-2 所示。

```
Switch#conf t
Enter configuration commands, one per line.  End with CNTL/Z.
Switch(config)#host
Switch(config)#hostname CoreSW
CoreSW(config)#vlan 10
CoreSW(config-vlan)#name Math
CoreSW(config-vlan)#exit
CoreSW(config)#exit

%SYS-5-CONFIG_I: Configured from console by console
CoreSW#vlan database
% Warning: It is recommended to configure VLAN from config mode,
  as VLAN database mode is being deprecated. Please consult user
  documentation for configuring VTP/VLAN in config mode.

CoreSW(vlan)#vlan 20 name Chinese
VLAN 20 added:
    Name: Chinese
CoreSW(vlan)#vlan 30 name Other
VLAN 30 added:
    Name: Other
CoreSW(vlan)#
```

图 17-2　采用两种方式创建 Vlan

2.把端口划分给 Vlan(基于端口的 Vlan)

switch(config)#interface fastethernet0/1　进入端口配置模式

switch(config-if)#switchport mode access　配置端口为 access 模式

switch(config-if)#switchport access vlan 10　把端口划分到 Vlan 10

程序运行结果如图 17-3 所示。

```
CoreSW(config)#int f0/1
CoreSW(config-if)#switchport mode access
CoreSW(config-if)#switchport access vlan 10
CoreSW(config-if)#int f0/2
CoreSW(config-if)#switchport mode access
CoreSW(config-if)#switchport access vlan 10
CoreSW(config-if)#
```

图 17-3　将端口划分到 Vlan

如果一次把多个端口划分给某个 Vlan 可以使用 interface range 命令,如图 17-4 所示。

```
CoreSW(config-if-range)#interface range F0/5-6
CoreSW(config-if-range)#switchport mode access
CoreSW(config-if-range)#switchport access vlan 30
CoreSW(config-if-range)#
```

图 17-4　将多个端口一次划分到 Vlan

3.查看 Vlan 信息

查看 Vlan 信息采用的命令是:switch#show vlan,程序运行结果如图 17-5 所示。

```
CoreSW#show vlan

VLAN Name                             Status    Ports
---- -------------------------------- --------- -------------------------------
1    default                          active    Fa0/7, Fa0/8, Fa0/9, Fa0/10
                                                Fa0/11, Fa0/12, Fa0/13, Fa0/14
                                                Fa0/15, Fa0/16, Fa0/17, Fa0/18
                                                Fa0/19, Fa0/20, Fa0/21, Fa0/22
                                                Fa0/23, Fa0/24
10   Math                             active    Fa0/1, Fa0/2
20   Chinese                          active    Fa0/3, Fa0/4
30   Other                            active    Fa0/5, Fa0/6
1002 fddi-default                     act/unsup
1003 token-ring-default               act/unsup
1004 fddinet-default                  act/unsup
1005 trnet-default                    act/unsup

VLAN Type  SAID    MTU   Parent RingNo BridgeNo Stp  BrdgMode Trans1 Trans2
---- ----- ------- ----- ------ ------ -------- ---- -------- ------ ------
1    enet  100001  1500  -      -      -        -    -        0      0
10   enet  100010  1500  -      -      -        -    -        0      0
20   enet  100020  1500  -      -      -        -    -        0      0
30   enet  100030  1500  -      -      -        -    -        0      0
```

图 17-5　查看 Vlan 信息

4.将端口从 Vlan 中删除

程序运行结果如图 17-6 和图 17-7 所示。

```
CoreSW(config)#interface fa0/8
CoreSW(config-if)#no switchport access vlan 40
CoreSW(config-if)#exit
CoreSW(config)#exit
```

图 17-6　将 fa0/8 端口从 Vlan 40 中删除

```
CoreSW#vlan database
% Warning: It is recommended to configure VLAN from config mode,
  as VLAN database mode is being deprecated. Please consult user
  documentation for configuring VTP/VLAN in config mode.

CoreSW(vlan)#no vlan 40
Deleting VLAN 40...
CoreSW(vlan)#
```

图 17-7　删除 Vlan 40

六、实验总结

完成该实验后,需要从以下几个方面进行总结:

(1)为什么需要设置虚拟局域网?

(2)如何在交换机上创建 Vlan? 如何将交换机端口划分到对应的 Vlan 中?

第四部分

网络应用

◆ Windows Server 2008 R2 的安装及配置（DHCP、DNS）

◆ 建立基于 Windows Server 2008 R2 的网络应用服务平台（IIS7.0、FTP）

◆ 基于 Windows Server 2008 R2 构建 VPN

◆ 建立无线局域网

◆ 网络故障排查

◆ 家庭宽带路由器上网

实验十八　Windows Server 2008 R2 的安装

一、实验目的

掌握在虚拟机中安装 Windows Server 2008 R2 操作系统的方法。

二、实验设备与环境

PC 机(最低配置:Pentium Ⅳ、256 MB 内存、8 G 硬盘、100 M 网卡)一台、Windows Server 2008 R2 镜像文件。

三、实验内容

在一台计算机上通过虚拟机安装 Windows Server 2008 R2,并熟悉 Windows Server 2008 R2 的基本使用。

四、实验原理

Windows Server 2008 R2 是一款服务器操作系统。同 2008 年 1 月发布的 Windows Server 2008 相比,Windows Server 2008 R2 继续提升了虚拟化、系统管理,并强化了 PowerShell 对各个服务器角色的管理指令。Windows Server 2008 R2 是第一个只提供 64 位版本的服务器操作系统。每个 Windows Server 2008 R2 版本都为给定的数据中心提供一个关键功能。其总共 7 个版本中有 3 个是核心版本:Windows Server 2008 R2 企业版、Windows Server 2008 R2 数据中心版和 Windows Server 2008 R2 标准版,还有 4 个是特定用途版本。

五、实验步骤

步骤 1:本实验采用 VMware 虚拟机。双击桌面 VMware 图标,在 VMware 窗口中单击"创建新的虚拟机",如图 18-1 所示。选择典型安装,单击"浏览"按钮选择 Windows Server 2008 R2 的 ISO 文件,如图 18-2 所示。选择好需要安装的版本,这里选择企业版 Windows Server 2008 R2 Enterprise,全名和密码可以自行设置,如图 18-3 所示。

步骤 2:设定虚拟机名称,以及安装位置。一般来说,Windows Server 2008 R2 的系统占用空间约为 20 G,但实际安装时建议提供 50 G 以上的存储空间。由于这里是虚拟机安装,选择默认的 40 G,选择"将虚拟磁盘拆分成多个文件"选项,如图 18-4 所示。为了能够让 Windows Server 2008 R2 更好地运行,单击"自定义硬件",可以对硬件进行更改。这里修改内存为 4 GB、处理器为双核,如图 18-5 所示。

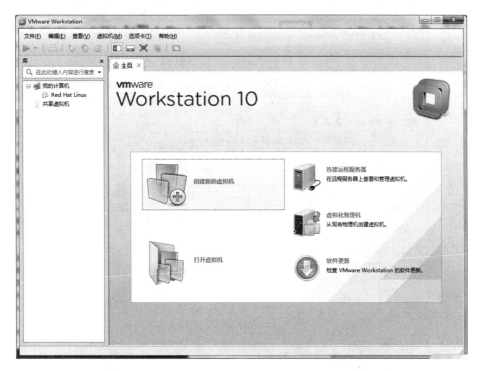

图 18-1 创建新的虚拟机

图 18-2 选择映像文件安装系统

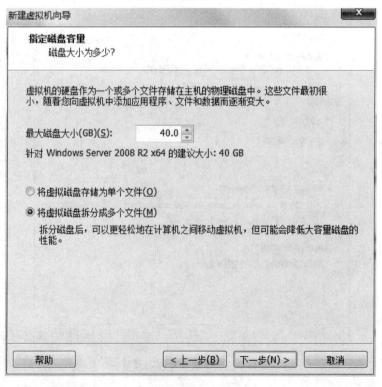

图 18-3　设置安装信息

图 18-4　指定磁盘容量

图 18-5　修改虚拟机硬件配置

步骤 3：单击"完成"按钮，自动启动虚拟机，开始进入 Windows Server 2008 R2 的安装，如图 18-6 所示。

图 18-6　Windows Server 2008 R2 安装

步骤 4：开始复制文件。

步骤 5：系统初始化配置。

步骤 6：重启系统。

步骤 7：启动 Windows，初次进入系统界面，如图 18-7 所示。

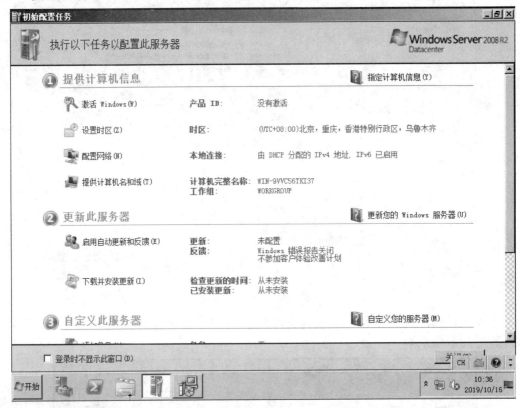

图 18-7　安装完成初次进入系统界面

步骤 8：显示桌面图标。在"开始"→"控制面板"中右上角的搜索中键入"图标"，即可在"显示"中找到"显示或隐藏桌面上的通用图标"。单击"显示或隐藏桌面上的通用图标"进入"桌面图标设置"，勾选"用户的文件""网络""计算机""回收站"选项，单击"确定"按钮，如图 18-8 所示。

步骤 9：配置 IP 地址，参考实验二中 IP 地址配置方法。至此，Windows Server 2008 R2 操作系统安装完成。

图 18-8　设置桌面显示

六、实验总结

完成该实验后,应该从以下几点进行总结:

(1)如何设置从光盘引导安装系统?

(2)在安装 Windows Server 2008 R2 时,如何设置磁盘(包括磁盘分区)?

(3)掌握 Windows Server 2008 R2 的基本操作方法,学会使用标准安装光盘安装 Windows Server 2008 R2。

实验十九　基于 Windows Server 2008 R2 构建 DHCP 服务器

一、实验目的

掌握 DHCP 服务器的配置方法。

二、实验设备与环境

安装有 Windows Server 2008 R2 的计算机及 Windows 7 的工作站。

三、实验内容

在独立服务器上配置基于 Windows Server 2008 R2 的动态主机配置协议（DHCP）服务器，以便为网络上的客户端计算机提供对 IP 地址和其他 TCP/IP 配置设置的集中化管理。

四、实验原理

DHCP 是 Dynamic Host Configuration Protocol（动态主机配置协议）的缩写，它的前身是 BOOTP。BOOTP 原本是用于无磁盘主机连接网络：网络主机使用 BOOT ROM 而不是磁盘启动并连接上网络，BOOTP 则可以自动地为那些主机设定 TCP/IP 环境。但 BOOTP 有一个缺点：在设定前，须事先获得客户端的硬件地址，而且与 IP 的对应是静态的。换言之，BOOTP 非常缺乏"动态性"，若在有限的 IP 资源环境中，BOOTP 的一一对应会造成非常严重的资源浪费。

DHCP 可以说是 BOOTP 的增强版本，它分为两个部分：一个是服务器端，另一个是客户端。所有的 IP 网络设定数据都由 DHCP 服务器集中管理，并负责处理客户端的 DHCP 要求；而客户端则会使用从服务器分配下来的 IP 环境数据。使用 DHCP，整个计算机的配置文件都可以在一条信息中获得（除了 IP 地址，服务器可以同时发送子网掩码、缺省网关、DNS 服务器和其他的 TCP/IP 配置）。比较 BOOTP，DHCP 通过"租约"的概念，有效且动态地分配客户端的 TCP/IP 设定，而且在兼容上，DHCP 也完全照顾了 BOOTP Client 的需求。

DHCP 的分配形式：首先，必须至少有一台 DHCP 服务器工作在网络上，它会监听网络的 DHCP 请求，并与客户端磋商 TCP/IP 的设定环境。

DHCP 提供 3 种 IP 定位方式：

①人工分配，获得的 IP 称为静态地址，网络管理员为某些少数特定的计算机或者网络设备绑定固定 IP 地址，且地址不会过期。

②自动分配，一旦 DHCP 客户端第一次成功地从 DHCP 服务器端租用到 IP 地址之

后,就永远使用这个地址。

③动态分配,当 DHCP 客户端第一次从 DHCP 服务器端租用到 IP 地址之后,并非永久地使用该地址,只要租约到期,客户端就得释放这个 IP 地址,给其他工作站使用。当然,客户端可以比其他主机更优先更新租约,或是租用其他的 IP 地址。动态分配显然比手动分配更加灵活,尤其是当实际 IP 地址不足的时候。

五、实验步骤

1.安装和配置 DHCP 服务

动态主机配置协议是一种服务器—多客户端技术,它允许 DHCP 服务器将 IP 地址分配给作为 DHCP 客户端启用的计算机和其他设备。安装好 DHCP 服务并启动后,必须创建一个作用域,该作用域是可供网络中 DHCP 客户端租用的有效 IP 地址的范围。Microsoft 建议环境中的每个 DHCP 服务器至少应有一个作用域不与环境中的任何其他DHCP 服务器作用域重叠。在 Windows Server 2008 R2 中,必须向基于 Active Directory 的域中的 DHCP 服务器授权才能防止 rogue DHCP 服务器连机。确定自己未被授权的任何Windows Server 2008 DHCP 服务器不能管理客户端。

创建新作用域的具体步骤如下:

步骤 1:单击桌面状态栏下部的"服务器管理"进入窗口,在"角色摘要"界面下单击"添加角色",如图 19-1 所示。

图 19-1　在"服务器管理"窗口中单击"添加角色"

步骤2:在"添加角色向导"中,根据提示进行下一步操作,然后在"服务器角色"选择中,选择 DHCP 服务器进行安装,如图 19-2 所示。单击"下一步"按钮后,系统显示"选择网络连接绑定"页面,如图 19-3 所示。

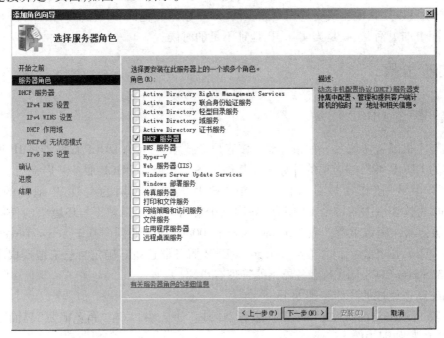

图 19-2 "服务器角色"选择

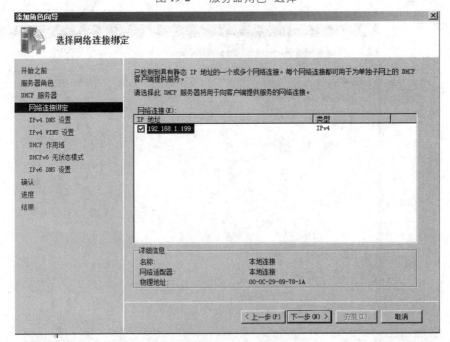

图 19-3 选择网络连接绑定

步骤3:单击"下一步"按钮,系统显示"指定 IPv4 DNS 服务器设置"页面,如图 19-4 所示。在"父域"输入该作用域的名称,如 benet.cn。名称可以自由设置,但它应具备一定的说明性,以便能确定该作用域在网络中的作用(例如,可以使用"Administration Building Client Addresses")在"首选 DNS 服务器 IPv4 地址"输入本机的 IP 地址,如 192.168.1.199,单击"下一步"按钮。

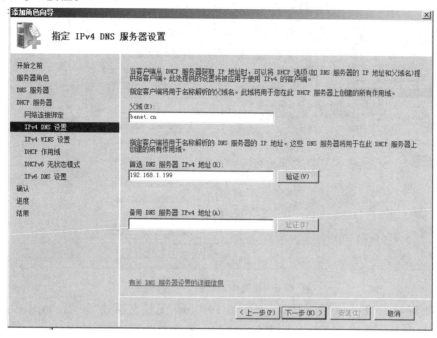

图 19-4　填写作用域名

步骤 4:选择"此网络上的应用程序不需要 WINS"选项,如图 19-5 所示。单击"下一步"按钮,系统显示"添加或编辑 DHCP 作用域"页面,单击"添加"按钮,打开"添加作用域"页面,输入相应内容,如图 19-6 所示。

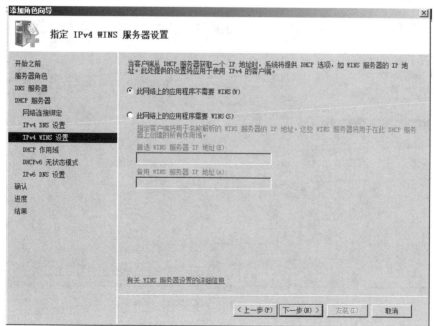

图 19-5　IPv4 WINS 设置

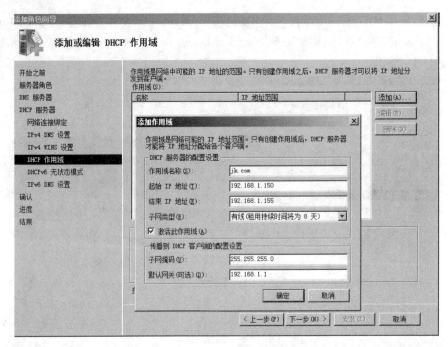

图 19-6　设置作用域即 IP 地址范围

步骤 5：单击"下一步"按钮，显示"配置 DHCPv6 无状态模式"页面，如图 19-7 所示，选择"对此服务器禁用 DHCPv6 无状态模式"选项，单击"下一步"按钮。进入"确认安装选择"页面，如图 19-8 所示，单击"安装"按钮，会提示安装成功或出现相关警告、错误信息等，如图 19-9 所示。

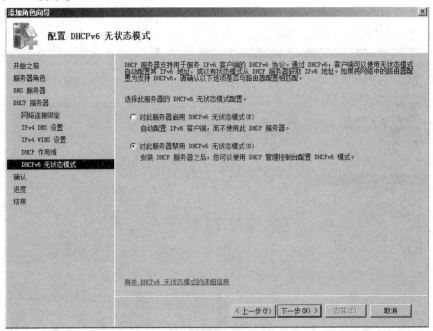

图 19-7　设置 DHCPv6 无状态模式

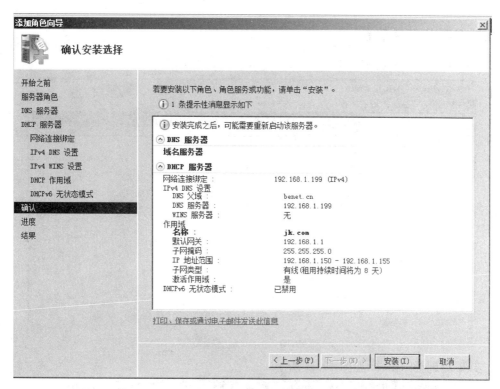

图 19-8 确认所配置的 DHCP 服务器

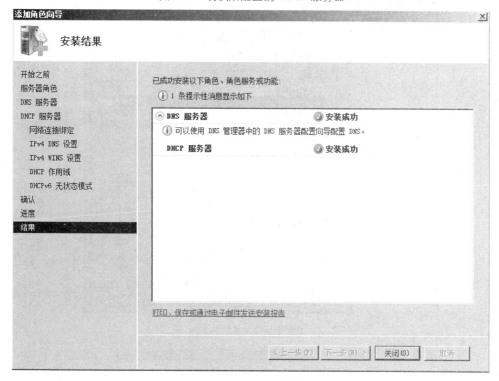

图 19-9 安装 DHCP 服务器成功

2.配置 DHCP 其他信息

步骤1:右击"作用域配置"选择"配置选项",如图 19-10 所示。

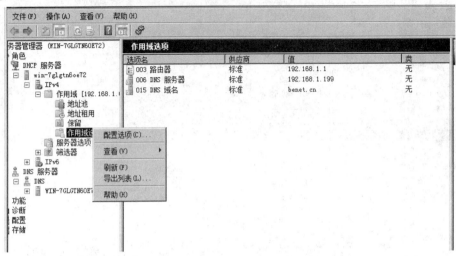

图 19-10　选择"配置选项"

步骤2:配置路由器,如图 19-11 所示。

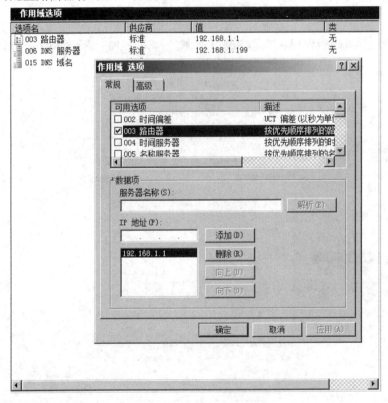

图 19-11　配置路由器

步骤 3:配置 DNS 服务器,如图 19-12 所示。

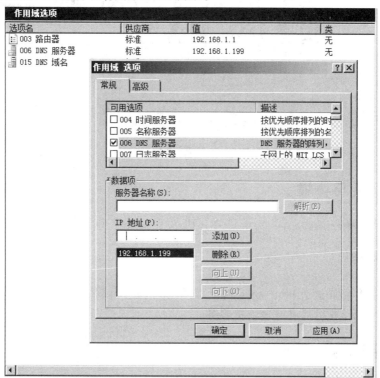

图 19-12 配置 DNS

六、实验总结

完成该实验后,需要从以下几个方面进行总结:

(1)什么是 DHCP?

(2)如何安装 DHCP 服务?

(3)如何创建 DHCP 作用域?

(4)什么是 DHCP 租约,如何配置租约?

(5)如何设置 DHCP 客户端的网关和 DNS?

实验二十　基于 Windows Server 2008 R2 构建 DNS 服务器

一、实验目的

掌握 Windows Server 2008 R2 构建 DNS 服务器的方法。

二、实验设备与环境

安装有 Windows Server 2008 R2 的计算机及 Winows 7 的工作站。

三、实验内容

在服务器上配置基于 Windows Server 2008 R2 的新的域名解析服务器(DNS)，以便为网络上的客户端计算机提供域名解析服务。

四、实验原理

人们习惯记忆域名，但机器间只认识 IP 地址，域名与 IP 地址之间是一一对应的关系，将域名转换为对应的 IP 地址的过程称为域名解析。域名解析需要由专门的域名解析服务器来完成，整个过程是自动进行的。

通常 Internet 主机域名的一般结构为：主机名.三级域名.二级域名.顶级域名。全世界现有三大网络信息中心：位于美国的 Inter-NIC，负责美国及其他一些地区；位于荷兰的 RIPE-NIC，负责欧洲地区；位于日本的 APNIC，负责亚太地区。DNS 是域名系统（Domain Name System）的缩写，是因特网的一项核心服务，它作为可以将域名和 IP 地址相互映射的一个分布式数据库，能够使人更方便地访问互联网，而不用去记住能够被机器直接读取的 IP 数串。

DNS 是计算机域名系统或域名解析服务器，由解析器以及域名服务器组成的。域名服务器是指保存有该网络中所有主机的域名和对应 IP 地址，并具有将域名转换为 IP 地址功能的服务器。DNS 使用的 TCP 与 UDP 端口号都是 53，主要使用 UDP，服务器之间备份使用 TCP。提供 DNS 服务的是安装了 DNS 服务器端软件的计算机。服务器端软件既可以基于类 Linux 操作系统，也可以基于 Windows 操作系统。

五、实验步骤

1.安装 DNS 服务器

默认情况下，Windows Server 2008 R2 系统中没有安装 DNS 服务器，我们要做的第一件工作就是安装 DNS 服务器。

步骤 1：依次单击"开始"→"管理工具"→"服务器管理器"，与 DHCP 服务器的安装相同，单击"添加角色"，根据向导勾选"DNS 服务器"，如图 20-1 所示。

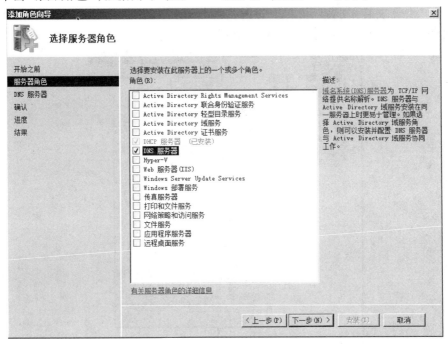

图 20-1　选择"DNS 服务器"角色

步骤 2：根据"添加角色向导"单击"下一步"按钮，确认安装"DNS 服务器"。待安装成功后，在"确认"界面会显示"DNS 服务器"安装成功，如图 20-2 所示。

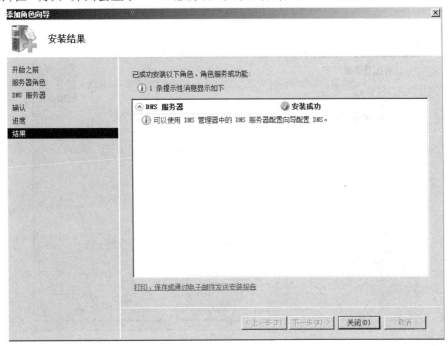

图 20-2　成功安装"DNS 服务器"

2.创建区域

DNS 服务器安装完成以后,在左边的资源管理栏中右击所需要配置的"DNS 服务器",选择"配置 DNS 服务器",打开"配置 DNS 服务器向导"对话框,如图 20-3 所示。

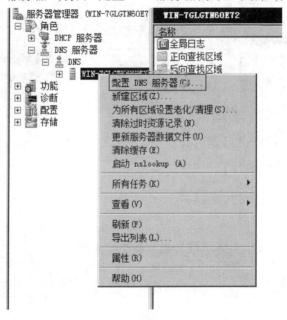

图 20-3 配置 DNS 服务器

步骤 1:在"配置 DNS 服务器向导"对话框中单击"下一步"按钮,打开"选择配置操作"向导页。在默认情况下,适合小型网络使用的"创建正向查找区域"单选框处于选中状态。保持默认选项并单击"下一步"按钮,如图 20-4 所示。

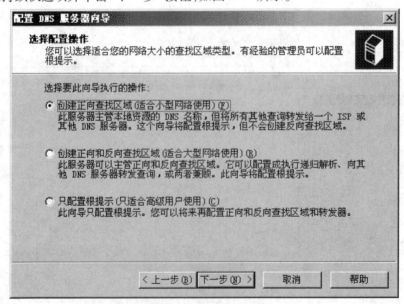

图 20-4 选择配置操作

步骤 2：打开"主服务器位置"向导页，如果所部署的 DNS 服务器是网络中的第一台
DNS 服务器，则应该保持"这台服务器维护该区域"单选框的选中状态，将该 DNS 服务器
作为主 DNS 服务器使用，并单击"下一步"按钮，如图 20-5 所示。

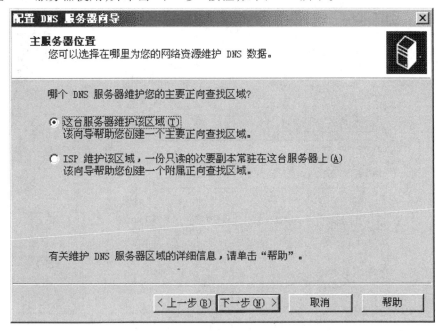

图 20-5　确定主服务器的位置

步骤 3：打开"区域名称"向导页，在"区域名称"编辑框中键入一个能反映公司信息的
区域名称（如"yesky.com"），单击"下一步"按钮，如图 20-6 所示。

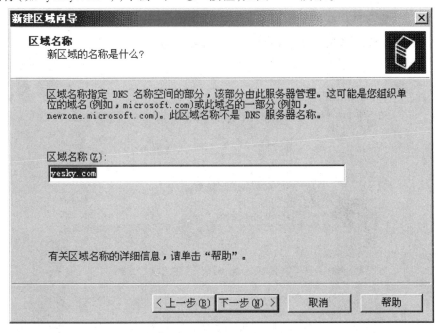

图 20-6　填写区域名称

步骤4:在打开的"区域文件"向导页中已经根据区域名称默认填入了一个文件名,该文件是一个 ASCII 文本文件,里面保存着该区域的信息,默认情况下保存在"windows\system32\dns"文件夹中。保持默认值不变,单击"下一步"按钮,如图 20-7 所示。

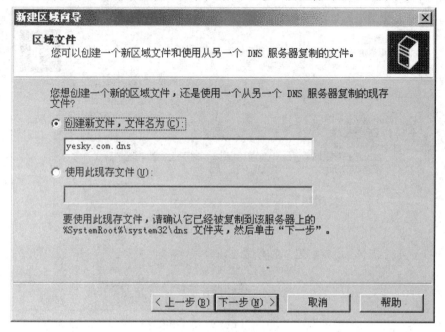

图 20-7　创建区域文件

步骤5:在打开的"动态更新"向导页中指定该 DNS 区域能够接受的注册信息更新类型。允许动态更新可以让系统自动地在 DNS 中注册有关信息,在实际应用中比较有用,因此选择"允许非安全和安全动态更新"单选框,单击"下一步"按钮,如图 20-8 所示。

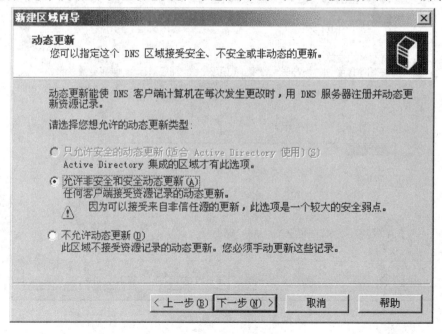

图 20-8　选择允许动态更新

步骤 6：打开"转发器"向导页，保持"是，应当将查询转发到有下列 IP 地址的 DNS 服务器上"单选框的选中状态。在 IP 地址编辑框中键入 ISP（或上级 DNS 服务器）提供的 DNS 服务器 IP 地址（这里以 61.128.128.68 为例），单击"下一步"按钮，如图 20-9 所示。

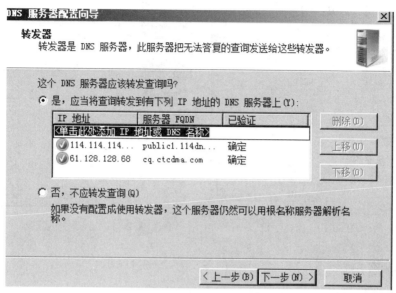

图 20-9　配置 DNS 转发

3.创建域名

利用向导成功创建了"yesky.com"区域，可是内部用户还不能使用这个名称来访问内部站点，因为它还不是一个合格的域名。还需要在其基础上创建指向不同主机的域名才能提供域名解析服务。现在我们要创建一个用以访问 Web 站点的域名"www.yesky.com"，具体操作步骤如下：

步骤 1：依次单击"开始"→"管理工具"→"DNS 服务器"，打开"dnsmagt"控制台窗口。

步骤 2：在左窗格中依次展开"ServerName"→"正向查找区域"目录，然后右击"yesky.com"区域，在弹出的快捷菜单中选择"新建主机"命令，如图 20-10 所示。

步骤 3：打开"新建主机"对话框，在"名称"编辑框中键入一个能代表该主机所提供服务的名称（本例键入"www"）。在"IP 地址"编辑框中键入该主机的 IP 地址（如"192.168.1.199"），单击"添加主机"按钮，很快就会提示已经成功创建了主机，如图 20-11 所示。

步骤 4：单击"完成"按钮结束创建。

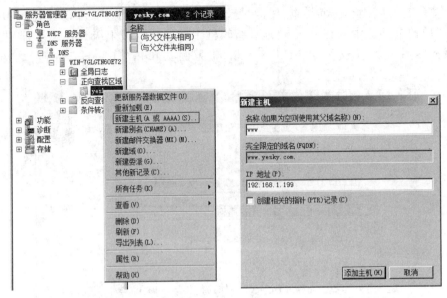

图 20-10　新建主机　　　　　　图 20-11　创建主机记录

4.设置 DNS 客户端

　　尽管 DNS 服务器已经创建成功,并且还创建了合适的域名,可是在客户机的浏览器中仍无法使用"www.yesky.com"这样的域名访问网站。这是因为虽然已经有了 DNS 服务器,但客户机并不知道 DNS 服务器在哪里,因此不能识别用户输入的域名。用户还必须手动设置 DNS 服务器的 IP 地址才行。在客户机"Internet 协议(TCP/IP)属性"对话框中的"首选 DNS 服务器"编辑框中设置刚刚部署的 DNS 服务器的 IP 地址(本例为"192.168.1.199"),如图 20-12 所示。

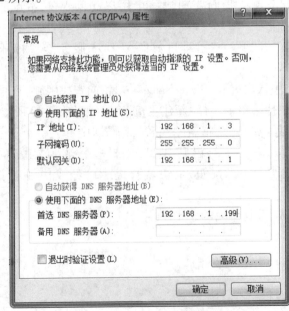

图 20-12　设置客户端 DNS 服务器地址

然后再次使用域名访问网站,你会发现已经可以正常访问了。

六、实验总结

完成该实验后,需要从以下几个方面进行总结:

(1)什么是 DNS?

(2)在 Windows Server 2008 R2 中如何安装 DNS 服务器?

(3)如何配置 DNS 转发器?

(4)如何设置域名映射?

(5)如何测试 DNS 服务?

实验二十一 基于 Windows Server 2008 R2 的 网络应用服务平台

一、实验目的

（1）掌握 Windows Server 2008 R2 上 Web 服务器的安装和基本管理。
（2）掌握 Windows Server 2008 R2 上 FTP 服务器的安装和基本管理。

二、实验设备与环境

安装有 Windows Server 2008 R2 的计算机及 Windows 7 的工作站。

三、实验内容

在 Windows Server 2008 R2 上安装 IIS 和 FTP 应用服务器，并完成基本配置。

四、实验原理

Windows Server 2008 R2 上的应用服务器主要由 IIS 组件提供。

五、实验步骤

1.Web 服务器的安装与配置

Windows Server 2008 R2 上 Web 服务器的安装主要是安装 IIS 组件，按照"开始"→"管理工具"→"服务器管理器"→"添加角色"→"Web 服务器（IIS）"的步骤即可完成。在"角色服务"中除了默认勾选的内容，还可以勾选"HTTP 重定向"和"FTP 发布服务"，如图 21-1 所示。

2.创建新的站点

步骤 1：在"服务器管理器"中，依次单击"角色"→"Web 服务器（IIS）"→"Internet 信息服务"，如图 21-2 所示。

步骤 2：右击"网站"，选择"添加网站"，在弹出的窗口中添加网站信息。物理路径需选择 wwwroot 目录，网站目录可自定义。如图 21-3 所示。

步骤 3：在物理路径目录文件内新建"index.html"文件，如图 21-4 所示。

步骤 4：在浏览器中输入网站地址和文件名就可以通过网络访问网站内容了，如图 21-5 所示。

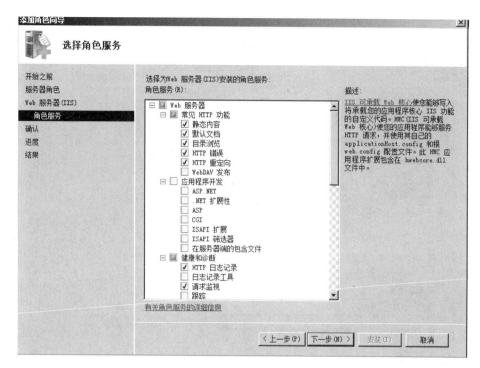

图 21-1　安装 IIS

图 21-2　IIS 管理器

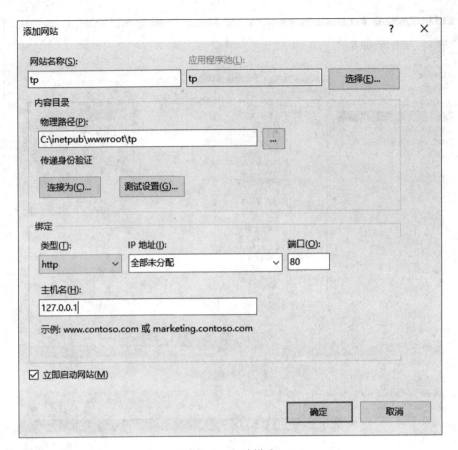

图 21-3　网站描述

图 21-4　将网站保存至设置的物理路径中

Hello world

图 21-5　使用浏览器访问网站首页

3.创建 FTP 站点

步骤 1:和"添加网站"的操作步骤一样,右击"网站",选择"添加 FTP 站点",如图 21-6 所示。

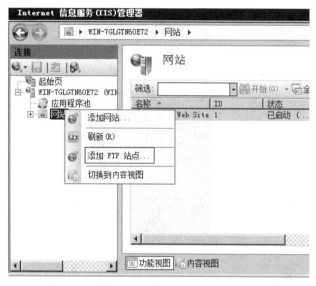

图 21-6　新建 FTP 站点

步骤 2:在站点描述中填写站点名称与物理路径,如图 21-7 所示。

步骤 3:绑定和 SSL 设置。选择你希望开放的 IP 地址(默认选择全部未分配,即所有 IP 都开放)和端口(默认选择 21);根据具体情况选择 SSL,如无须使用 SSL,选择"无";单击"下一步"按钮,如图 21-8 所示。

步骤 4:身份验证和授权信息。身份验证选择"基本",不建议开启"匿名";授权中允许访问的用户可以指定具体范围,如果不需要很多 FTP 用户,建议选择"指定用户",权限选择"读取"和"写入",如图 21-9 所示。

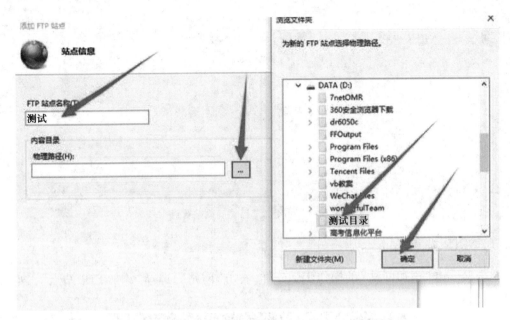

图 21-7　FTP 站点描述

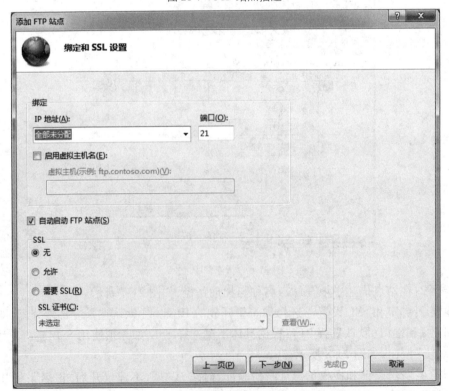

图 21-8　绑定 IP 地址

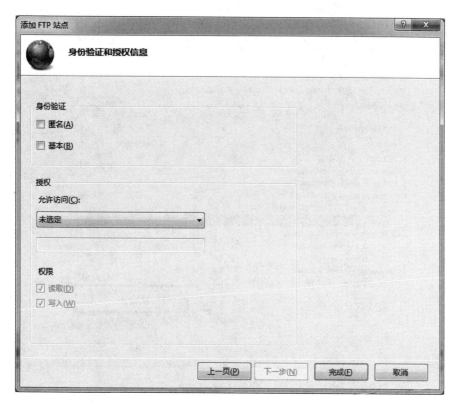

图 21-9　身份验证和授权信息

步骤 5：如果开启了 Windows 默认的防火墙，一般情况下外网连接不了 FTP，需要设置防火墙策略。允许在 Windows 防火墙的"例外"里面添加"C：\windows\system32\svchost.exe"程序，才能从外网访问 FTP。打开 Windows 防火墙，选择允许程序或功能通过 Windows 防火墙，如图 21-10 所示。

图 21-10　设置允许通过 Windows 防火墙

步骤 6：选择"允许运行另一程序"。在"添加程序"对话框中单击"浏览"按钮，选择 C：\windows\system32\svchost.exe 就能打开添加，这时 Windows 服务器主进程就添加在防火墙的"例外"中，单击"确定"按钮后再单击"添加"按钮，就可以从外网访问 FTP，如图 21-11 所示。

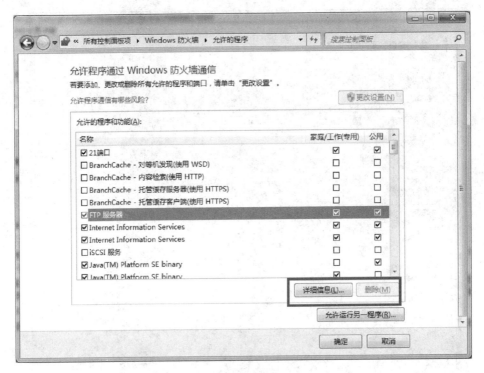

（a）

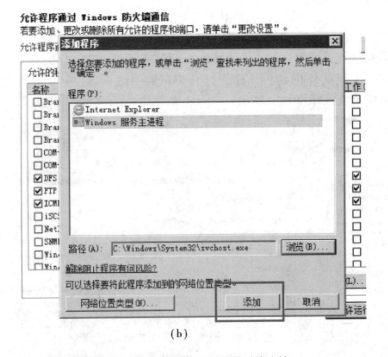

（b）

图 21-11　添加 Windows 服务主进程通过防火墙

步骤 7:测试 FTP 连接。在"计算机"地址栏中输入"ftp://192.168.1.199",连接 FTP 服务器,根据提示输入账号、密码,进入设置的 FTP 界面,如图 21-12 所示。

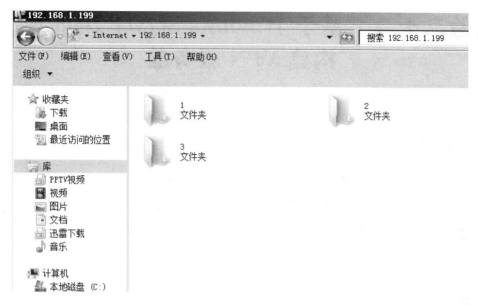

图 21-12　连接 FTP 服务器

六、实验总结

完成该实验后,需要从以下几个方面进行总结:

(1)掌握在 Windows 平台下,Web 站点的配置与使用,FTP 服务器的配置与使用。

(2)通常情况下,Windows 系统平台常采用 IIS 作为站点服务器,Java 运行平台则采用 Tomcat 作为站点服务器。

(3)Serv-U 软件也是一款 FTP 服务器软件,常用来配置 FTP 服务器。在 FTP 应用中,客户端通常会使用 Cute FTP 或 FlashFXP 等软件传输文件,这样更方便,请下载尝试使用。

实验二十二　基于 Windows Server 2008 R2 构建 VPN 服务器

一、实验目的

(1)掌握 Windows Server 2008 R2 VPN 服务器的配置方法。

(2)掌握建立 VPN 连接和拨号的方法。

二、实验设备与环境

安装有 Windows Server 2008 R2 的计算机及 Winows 7 的工作站。

三、实验内容

在装有 Windows Server 2008 R2 的计算机上进行 VPN 配置,实现客户端能通过 VPN 方式连入 Internet。

四、实验原理

虚拟专用网络(Virtual Private Network,VPN)是指在公用网络上建立专用网络的技术。之所以称为虚拟网,主要是因为整个 VPN 网络的任意两个节点之间的连接并没有传统专网所需的端到端的物理链路,而是架构在公用网络服务商所提供的网络平台,如 Internet、ATM(异步传输模式)、Frame Relay(帧中继)等之上的逻辑网络,用户数据在逻辑链路中传输。它涵盖了跨共享网络或公共网络的封装、加密和身份验证链接的专用网络的扩展。

VPN 属于远程访问技术,就是利用公网链路架设私有网络。例如,公司员工出差到外地,他想访问企业内网的服务器资源,这种访问就属于远程访问。怎么才能让外地员工访问到内网资源呢? VPN 的解决方法是在内网中架设一台 VPN 服务器。VPN 服务器有两块网卡:一块连接内网,一块连接公网。外地员工在当地连上互联网后,通过互联网找到 VPN 服务器,然后利用 VPN 服务器作为跳板进入企业内网。为了保证数据安全,VPN 服务器和客户机之间的通信数据都进行了加密处理。有了数据加密,就可以认为数据是在一条专用的数据链路上进行安全传输,就如同专门架设了一个专用网络一样。但实际上 VPN 使用的是互联网上的公用链路,因此只能称为虚拟专用网。VPN 实质上就是利用加密技术在公网上封装出一个数据通信隧道。有了 VPN 技术,用户无论是在外地出差还是在家中办公,只要能连上互联网,就能利用 VPN 非常方便地访问内网资源,这就是为什么 VPN 在企业中应用得如此广泛。

五、实验步骤

1.安装"网络策略和访问服务"

同前面有关服务器安装的实验一样,首先需要进入"服务器管理器"界面。单击"添加角色",勾选"网络策略和访问服务",如图 22-1 所示。根据提示单击"下一步"按钮,在角色服务中勾选"路由和远程访问服务",如图 22-2 所示,完成"路由和远程访问服务"的安装。

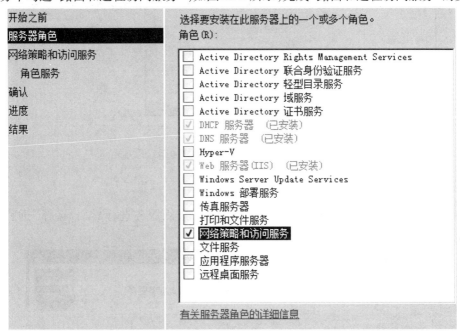

图 22-1　勾选"网络策略和访问服务"

图 22-2　在角色服务中勾选"路由和远程访问服务"

2.配置并启用路由和远程访问

依次选择"服务器管理器"→"网络策略和访问服务"→"路由和远程访问",打开"路由和远程访问"窗口。在窗口中右击本地计算机名,选择"配置并启用路由和远程访问",如图 22-3 所示。

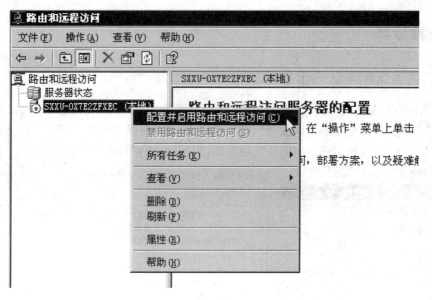

图 22-3　启用路由和远程访问

3.选择远程访问类型

在出现的配置向导窗口中单击"下一步"按钮,进入服务选择界面,选择"远程访问(拨号或 VPN)",单击"下一步"按钮,如图 22-4 所示。

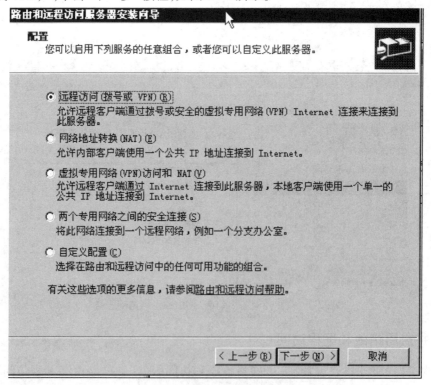

图 22-4　选择"远程访问"

选择第一项"VPN",将服务器配置成 VPN 网关,如图 22-5 所示。

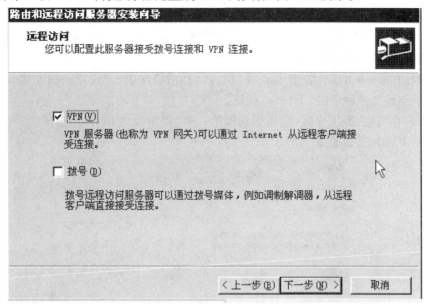

图 22-5　选择"VPN"

4.设置拨号地址范围

为了给远程客户端分配 IP 地址,这里需要指定地址范围,如图 22-6 所示。

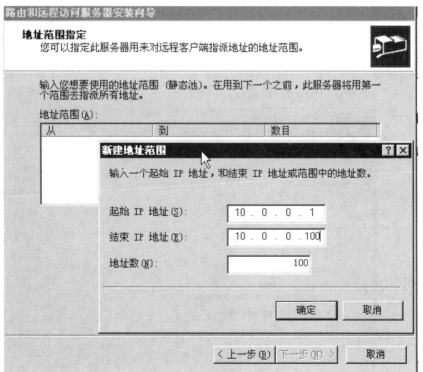

图 22-6　指定拨号地址范围

5.VPN 客户端配置

VPN 客户端只需建立一个到 VPN 服务端的专用连接即可。首先客户端也要接入 Internet网络,以 Windows 7 客户端为例进行说明。

步骤1:右击桌面的"网络"图标选择"属性",然后依次单击"设置新的连接或网络"→ "连接到工作区",然后单击"下一步"按钮。

步骤2:在"连接到工作区"窗口中选择第一项"使用我的 Internet 连接(VPN)",继续 单击"下一步"按钮,如图 22-7 所示。

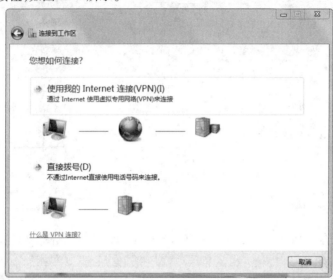

图 22-7　选择"使用我的 Internet 连接(VPN)"

步骤3:根据之后的向导窗口,需要用户输入 VPN 服务端的网络地址以及设置网络名 称,如图 22-8 所示,单击"下一步"按钮。

图 22-8　填写 VPN 服务器地址并输入名称

步骤 4：在接着出现的窗口中，输入用户名和密码。

至此，VPN 客户端的配置就已完成。可以直接通过屏幕右下角的"网络连接"选择刚刚创建好的"VPN 连接"，输入用户名和密码后，单击"连接"按钮，即可通过 VPN 进行上网，如图 22-9 所示。

图 22-9　连接 VPN 服务器

六、实验总结

完成该实验后，需要从以下几个方面进行总结：

（1）了解 VPN 的应用前景，通过实验初步掌握 Windows Server 2008 R2 上 VPN 服务器的配置方法。

（2）基于 Windows Server 2008 R2 的 VPN 实现只能提供数量有限的远程用户访问，在企业中，VPN 的组建通常是通过购买 VPN 功能的路由器来完成的。上网查看，了解更多关于 VPN 的应用。

实验二十三　基于 Windows 系统的无线局域网络组建

一、实验目的

（1）建立有基础结构（Infrastructure 模式）的无线局域网,掌握无线局域网的基本组网技术,采用缺省设置的方式,至少以一个 AP 和两块无线网卡组建一个局域网络,实现与有线局域网、因特网的连接。

（2）建立 Ad-Hoc（点对点或自组网）模式无线局域网,实现学生机之间共享文件的访问。

（3）根据设备或系统提供的条件或环境,建立无线局域网络的安全设置:AP 安全配置、用户端无线网卡安全配置、整个系统的安全配置。分析无线网络安全配置的特点以及解决的问题。

二、实验设备与环境

（1）两台 AP、每台学生机一块 USB 接口的无线网络适配器（网卡）。

（2）安装 Windows 7 操作系统的主机。

三、实验内容

（1）建立自组无线局域网、有基础结构的无线局域网。

（2）通过无线方式访问共享资源。

（3）实现无线网络安全保护。

四、实验原理

无线局域网按照 IEEE802.11 标准组建网络,有两种基本方案:一种是自组网,另一种是建立有基础设施的无线局域网。自组网无法实现与其他无线网络和有线网络的连接,只适用于小型网络（一般不超过 20 台电脑）。基础设施的无线局域网适用于将大量移动站连接到有线网络,为移动用户提供更灵活的接入方法。

1.自组网

只要为每台计算机上安装无线网卡,就可以实现计算机之间的无线通信,构建成最简单的无线网络,称为 Ad-Hoc（点对点或自组网）网络。自组网原理如图 23-1 所示。

说明:自组网的覆盖范围与网卡的发射功率和环境有关。对于功率为 100 mW 的网卡,在无阻碍、无电磁干扰的情况下,信号传输距离可达 200 m 以上,但距离小于 100 m 时,可以保证信号的良好接收。

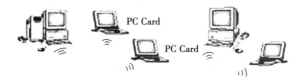

图 23-1　自组网原理图

注意:在具体实验时,为检验效果,最好把无线网络的 IP 地址设成与有线网络不同的网段。

2.建立有基础设施的无线局域网

通过接入一个无线接入点(AP),形成包括一个基站和若干移动站的基本服务集 BSS,将无线网络连接到有线网络主干,实现无线与有线的无缝连接。有基站的网络(BSS)原理如图 23-2 所示。

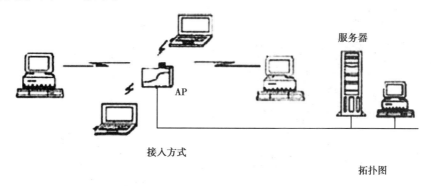

服务器

AP

接入方式

拓扑图

图 23-2　BSS 原理图

注意:基本服务集标志符 BSSID 就是 AP 的 48 位 MAC 地址。

3.无线漫游的无线网络

将多个 AP 各自形成的无线信号覆盖区域进行交叉覆盖,实现各覆盖区域之间无缝连接,或者设置无线网络专用天线,形成以固定有线网络为基础,无线覆盖为延伸的大面积服务区域 ESS。所有无线终端通过就近的 AP 接入网络,并访问整个网络资源。组网原理如图 23-3 所示。

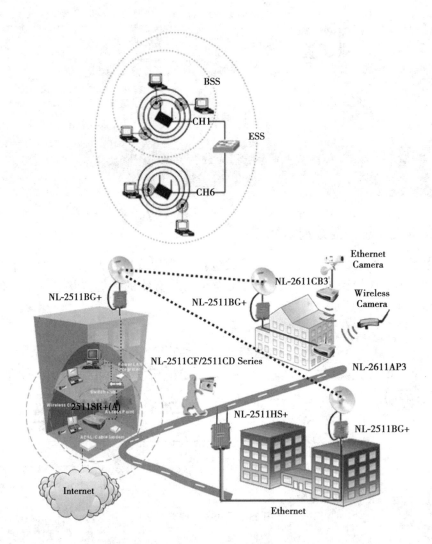

图 23-3　无线漫游的无线网络

注意:扩展服务集 ESS 标志符就是 SSID,有 32 个字符,也称为网络名称。

五、实验步骤

1.Windows 7 系统下基础网络的配置

步骤 1:安装 AP,连通 AP 的网线和电源线。

AP 出厂时,有缺省参数,如果 AP 被配置过,参数已改变,可按复位按钮恢复缺省参数。本实验使用的是一款 TP-LINK 的 AP,型号为"DW-3200"。缺省 IP 地址为:192.168.0.50,登录用户:admin,口令:无(不输入),访问 AP 的方法:http://192.168.0.50。

步骤 2：安装无线网卡。

网卡配置要点：①组网模式；②设置 SSID；③设置 IP 地址。

步骤 3：接入点（AP）的配置。

①选择一台计算机,重新设置 IP 地址,要求和 AP 的网络地址段相同。本实验的网络地址设置为 192.168.0.50。打开浏览器,在地址栏输入 http://192.168.0.50,如图 23-4 所示。

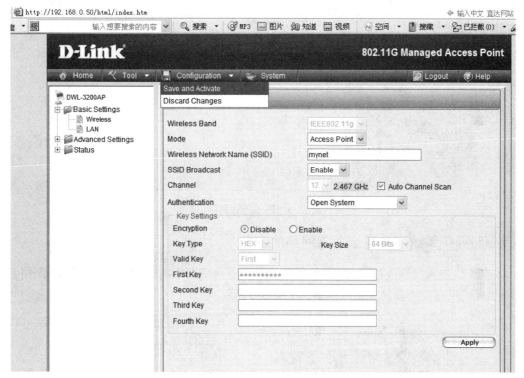

图 23-4　AP 配置首页

②单击"Basic Settings"下的"Wireless",设置网络名称 SSID 为"mynet";单击"Apply",单击"Configuration"下的"Save and Activate",保存配置并激活。

③单击"Advanced Settings"可完成其他高级配置功能。

注意：无线路由器安装、配置方法与 AP 基本相同。

步骤 4：无线局域网的组网配置。

Windows 7 系统下创建有基础结构模式的简单网络,系统自动识别附近配置的 AP 及网络名,单击任务栏右下角的"网络连接"图标,找到需要连接的网络名称单击"连接"按钮即可,如图 23-5 所示。

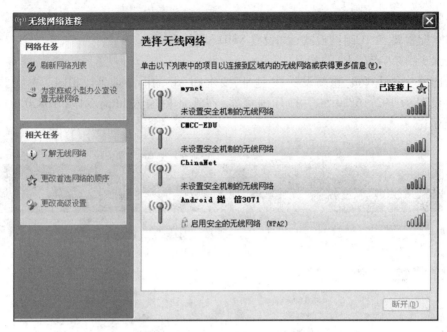

图 23-5　连接无线网络

2.Windows 7 系统下实现点对点网络的配置

步骤 1：进入控制面板（或鼠标单击任务栏右下角的"网络连接"图标），打开"网络和共享中心"页面设置新的连接或网络，如图 23-6 所示。

图 23-6　"网络和共享中心"页面

步骤 2:选择设置无线临时(计算机到计算机)网络,连续单击"下一步"按钮,如图
23-7和图 23-8 所示。

图 23-7　选择"设置无线临时网络"

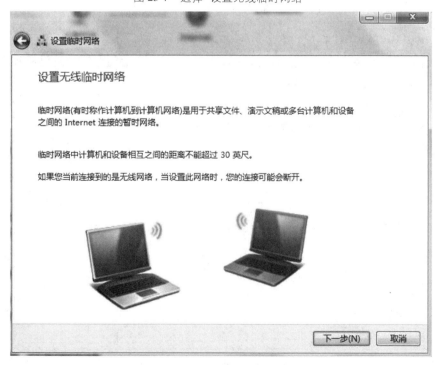

图 23-8　"设置临时网络"界面

步骤 3：输入网络名（SSID）、安全密钥（建议使用 WEP 安全类型），并勾选"保存这个网络"，如图 23-9 所示。

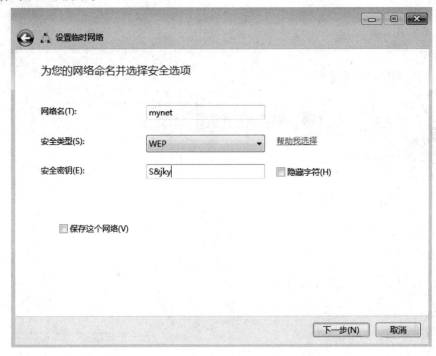

图 23-9　为无线网络命名并选择安全类型

步骤 4：设置完成后计算机会出现如图 23-10 所示的提示。

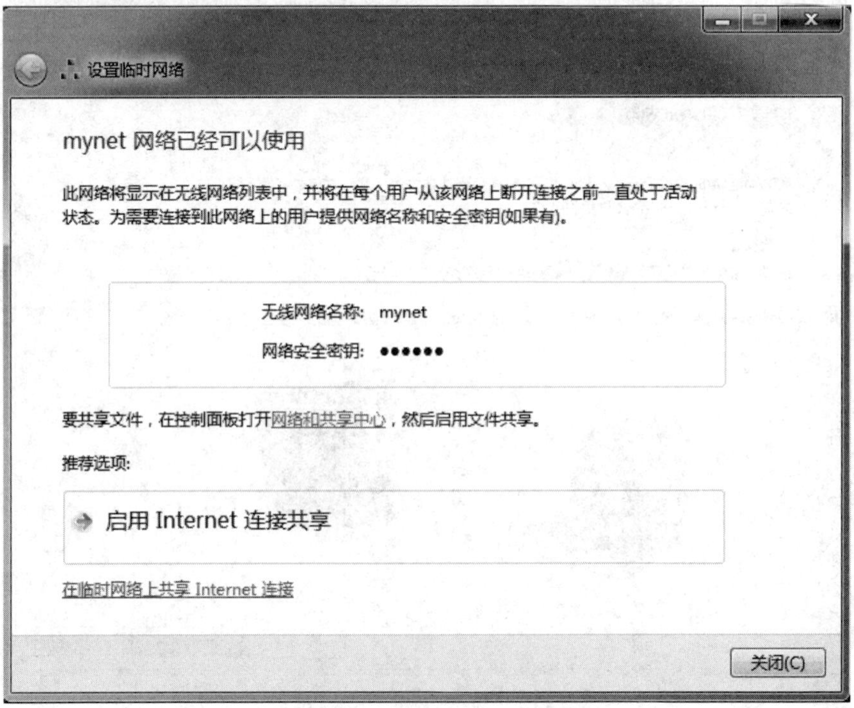

图 23-10　"无线网络"设置完成

步骤 5：在一台计算机上设置临时网络后，其他计算机不需要设置，单击任务栏右下角的网络连接图标，找到刚才设置的 SSID，单击"连接"按钮即可，如图 23-11 所示。

图 23-11　其他计算机与设置了
"临时网络"的计算机间的连接

3. Windows 7 系统下管理无线网络

步骤 1：单击任务栏右下角的"网络连接"图标，打开"网络和共享中心"页面。

步骤 2：在"网络和共享中心"页面中，单击左侧的窗格中的"管理无线网络"，如图 23-12 所示。

图 23-12　选择"管理无线网络"

步骤3:单击"添加"选项,如图23-13所示。

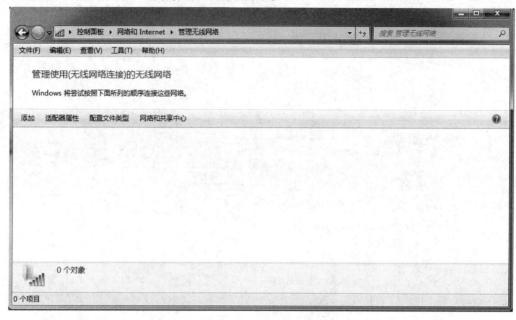

图23-13 "添加"选项

步骤4:如果要连接的是AP或固定的无线路由器,选择"手动创建网络配置文件",如图23-14所示。

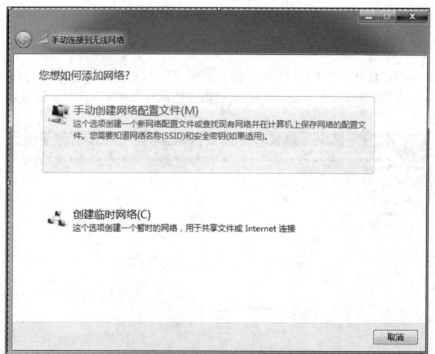

图23-14 "手动创建网络配置文件"

步骤 5：输入 AP 或路由器上设置的"网络名"和"安全密钥"，如图 23-15 所示。这样就添加了一个无线网络。

图 23-15　添加无线网络信息

步骤 6：如果要改变设置，可单击"更改连接设置"，如图 23-16 所示。

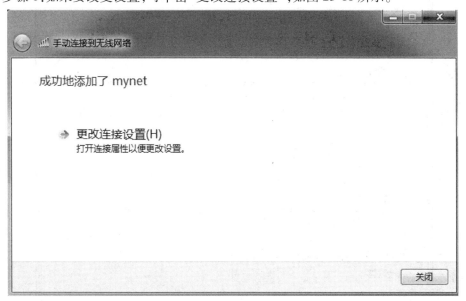

图 23-16　单击"更改连接设置"

如果周围有多个网络,而且网络不稳定,最好把"连接到更适合的网络"勾选取消,如图 23-17 所示。

图 23-17　无线网络连接设置

至此,完成了一个无线网络的连接。在使用中,注意选择一个合适的网络位置,打开"网络和共享中心",单击"工作网络"就能完成设置,以便让 Windows 防火墙更好地工作,如图 23-18 所示。

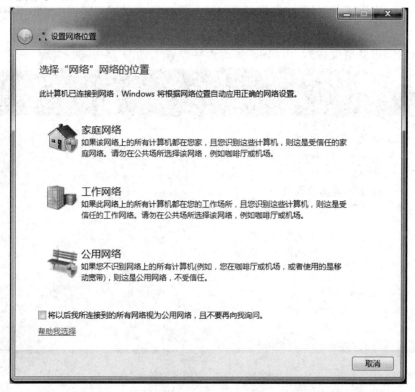

图 23-18　选择合适的网络位置

4.共享资源访问控制

Windows 7 系统下设置共享文件夹及访问的方法如下：

步骤 1:打开"网络和共享中心"页面,单击"更改高级共享设置",单击家庭或工作右边的箭头。

步骤 2:选择"启用网络发现"。

步骤 3:选择"文件和打印共享"。

步骤 4:选择"启用密码保护共享"或关闭"密码保护共享"。

步骤 5:启用来宾账户或建立新用户,并为管理员和新用户账户设置密码。

步骤 6:双击桌面上的"网络",在窗口中找到要访问的计算机名,再双击该计算机即可,如图 23-19 所示。

图 23-19　查看工作组中的计算机

5.无线网络安全设置

AP 或无线路由器一般提供三种安全保护方式:禁用 SSID 广播、设置无线网络密码以及设置访问控制列表。

（1）禁用 SSID 广播

AP 默认开启 SSID 广播,在其覆盖范围内,所有具备无线网卡的计算机都可以查看并连接到该网络,如将其 SSID 广播禁用,则只有知晓正确 SSID 的计算机才能连接至该无线网络,这样可达到安全限制的目的。

登录 Web 管理界面,选择"Configuration"→"Wireless"→"Wireless Settings"选项,在"Broadcast Wireless Network Name（SSID）"选项中选"No",单击"Apply"按钮。

（2）设置无线网络密码

设置无线网络密码是无线网络最常用的加密方式。设置密码后,所有想连入该无线网络的计算机均要提供相应的密钥或密码,通过认证后,才能连接至网络。AP 通常提供明文、WEP、802.1x、WPA、WPA2 和 WPA+WPA2。具体所使用的网络验证和数据加密如表 23-1 所示。

表 23-1　AP 提供的常见无线安全措施

无线安全	网络认证	数据加密
明文	Open System	None
WEP	Open System	64/128/152 bit WEP
	Shared key	
WPA	PSK	TKIP/TKIP+AES
	Radius	
WPA2	PSK	AES/TKIP+AES
	Radius	
WPA+WPA2	PSK	TKIP+AES

（3）设置访问控制列表

AP 或无线路由器可以通过设置访问控制列表,添加无线网卡的 MAC 地址白名单,实现对无线客户端接入的限制,从而有效提高无线网络的安全性。

登录 Web 管理界面,选择"Configuration"→"Security"选项。勾选"Turn Access Control On",在"MAC Address"选项后的空白框处输入需要连接到网络的无线网卡 MAC 地址,单击"Add"按钮添加到"MAC Address List",再单击"Apply"按钮保存即可。

六、实验总结

完成该实验后,需要从以下几个方面进行总结:

（1）无线局域网 WLAN 因其具有灵活性、可移动性及较低的投资成本等优势,得到了快速的应用。WLAN 通常可以由哪几种方法实现?

（2）在具体连接访问过程中会提示失败,试分别从工作模式配置、AP、网络连接等方面讨论原因。

（3）在组建无线局域网时,通常可以通过什么方法最大程度地保护数据在传输过程中的安全性?

（4）上网查询资料,了解市场上无线网络的应用情况,如无线网络数据传输、PON（Passive Optical Network,无源光纤网络）网络承载 WLAN、直接用 ONU（Optical Network Unit,光网络单元）的 PoE（Power over Ethernet）功能给 AP 供电、MESH（无线网状网络）组网及应用等。

附:无线局域网(WLAN)配置中有关名词解释。

WLAN(Wireless Local Area Networks):无线局域网络。

Wi-Fi(Wireless Fidelity):无线保真。使用 IEEE 802.11 系列协议的局域网。

AP(Access Point):接入点,又称无线局域网收发器。用作无线网络的无线 Hub,是无线网络的核心。

SSID(Service Set Identifier):服务集标志。

WEP(Wired Equivalent Privacy):有线等效保密,一种将资料加密的处理方式。

Ad-hoc(peer-to-peer)Mode:也称为自组网络(特定网络、对等网络),构成一种特殊的无线网络应用模式,一组计算机接上无线网络卡,即可相互连接,资源共享,无须通过 Access Point。

SOHO(Small Office/Home Office):小型办公与家庭办公。

Infrastructure Mode:一种整合有线与无线局域网络架构的应用模式,通过此种架构模式,即可达成网络资源的共享,此应用需通过 Access Point。

Encryption Keys:密钥。

WAP(Wireless Application Protocol):无线应用协议。

WDS(Wireless Distribution System):无线分布系统。

实验二十四　计算机网络故障诊断与排除

一、实验目的

（1）了解典型的网络组成、网络拓扑及网络故障情况。

（2）了解局域网、因特网常见的故障诊断与测试技术。

（3）了解网络故障的排查步骤和常用方法。

（4）掌握检测网络运行状况（速度、带宽、时延等）的方法。

（5）能分析网络各层出现的故障原因。

（6）能够使用网络测试和诊断工具进行网络故障排除。

二、实验设备与环境

（1）能接入校园网的局域网及因特网环境。

（2）网线测试仪。

（3）网络扫描、测试和分析软件（网络测试工具 IxChariot、网络流量分析软件和协议分析软件：Wireshark、sniffer、360 流量防火墙、网络分析系统 capsa V7、防火墙、病毒检测软件等）。

（4）有条件的可配备网络故障分析仪。

三、实验内容

（1）网络连接故障诊断与排除。

（2）网络协议参数错误和冲突故障诊断与排除。

（3）网络速度减慢（包含环路和广播风暴）的故障诊断与排除。

（4）其他网络设备故障诊断与排除。

四、实验原理

弄清网络连接拓扑图及设备状况是排查网络故障的前提。学校及其他企事业单位的网络一般都是多级星型拓扑结构，典型的网络组成及连接如图 24-1 和图 24-2 所示。

为便于描述和排查故障，从图 24-1 中可抽出 3 个子图，即图 24-3、图 24-4、图 24-5。

计算机网络是分层次的，并通过协议实现准确通信。网络包括物理层、数据链路层（可合并为网络接口层）、网络层、传输层和应用层共五层或四层。任何一个层次的设备、软件的损坏或协议参数配置不当或出现冲突都会导致网络故障。通信由客户发起，数据从客户经网卡、线路、交换机、路由器到达服务器，服务器响应数据沿相反方向返回。要迅速排查网络故障需要掌握网络通信过程。因为通信过程必需的硬件和软件都有可能引起网络故障，包括客户端计算机、网卡、接口、插座、线路（通信介质）、跳线架、交换机、路由器、防火墙、服务器、协议以及破坏通信的行为，如病毒入侵。排查网络故障应逐一检查通信过程中数据经过的所有点，也可以从物理层开始向上逐层诊断和排除故障。实践中是根据故障现象，利用测试和诊断工具快速定位故障点，并加以排除。

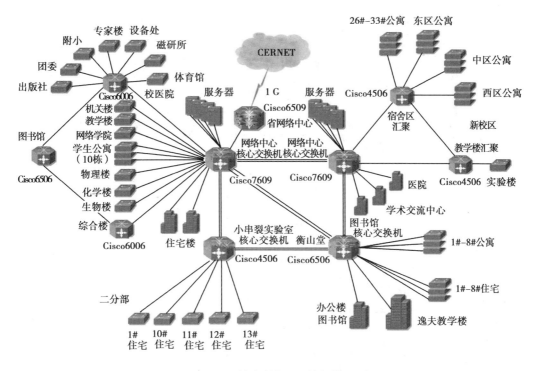

图 24-1　某大学校园网络拓扑图

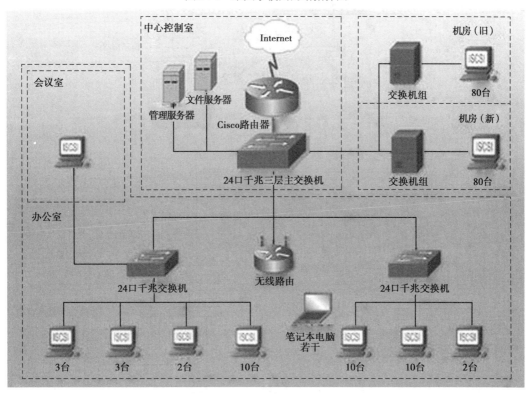

图 24-2　典型的网络组成

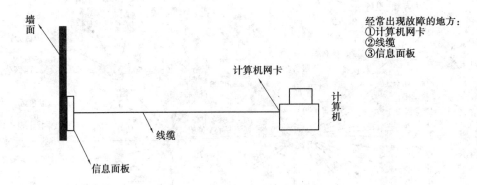

图 24-3　工作区部分

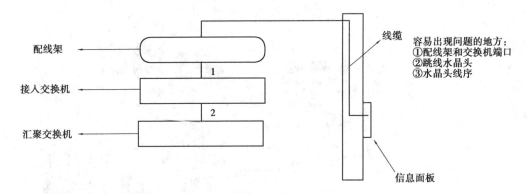

图 24-4　信息面板至汇聚交换机部分

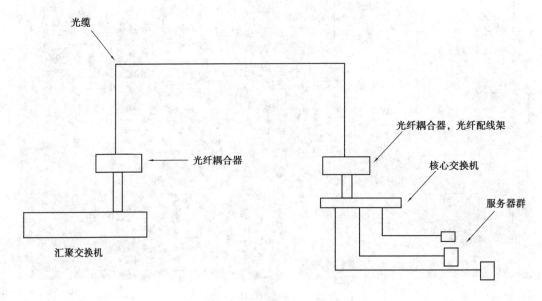

图 24-5　汇聚至核心(服务器)部分

五、实验步骤

1.识别和分析故障现象

在开始排除故障之前,必须先通过现场观察和向相关人员确定故障现象,列举可能导致故障的原因:如网卡硬件故障、网络连接故障、网络设备故障、TCP/IP 协议设置不当等。设法缩小故障搜索范围,可以加速定位和排除故障。

实验指导教师可有意制造一些故障让学生识别和分析,下面的步骤中都需要制造合适的故障以配合故障检查。

2.网络参数及状态检查

（1）连通性检查

步骤 1:单击"开始"→"运行",输入 cmd 命令按回车键,进入命令行,执行网络检测命令。

步骤 2:协议参数检测:ipconfig /all。命令执行后,认真查看协议信息。

步骤 3:协议栈检查:ping 127.0.0.1。正常响应如图 24-6 所示;如果无响应,应该重新安装网络协议。

```
C:\Documents and Settings\gg>ping 127.0.0.1

Pinging 127.0.0.1 with 32 bytes of data:

Reply from 127.0.0.1: bytes=32 time<1ms TTL=64
Reply from 127.0.0.1: bytes=32 time<1ms TTL=64
Reply from 127.0.0.1: bytes=32 time<1ms TTL=64
Reply from 127.0.0.1: bytes=32 time<1ms TTL=64

Ping statistics for 127.0.0.1:
    Packets: Sent = 4, Received = 4, Lost = 0 (0% loss),
Approximate round trip times in milli-seconds:
    Minimum = 0ms, Maximum = 0ms, Average = 0ms
```

图 24-6　ping 命令的正常结果

步骤 4:网络物理连通性检查:ping <本网络中另一台计算机或服务器 IP>,如 ping 192.168.10.200。

正常响应和图 24-6 类似,如果无响应,应检查链路上的接口、线路、信息插座、交换机（包括配置）及目标计算机。

步骤 5:检查到网络中心交换机之间的链路:ping <网关 IP>,地址应逐次向外网延伸,如网关地址依次为 192.168.10.1,168.106.120.1,202.202.160.1。响应和不响应时和上面的操作一样。这几个步骤中应结合图 24-3—图 24-5,从工作区部分开始逐步向核心部分延伸测试,直到目标计算机。另外,可用 Tracert.exe 和网线测试仪测试连接。

（2）检查配置文件和选项

计算机、服务器、交换机、路由器都有配置选项，配置文件和配置选项设置不当，同样会导致网络故障。如服务器权限设置不当，会导致资源无法共享；交换机划分了 VALN，即便是接在同一交换机上的计算机也不能通信；计算机网卡配置不当，会导致无法连接网络。

通过以上步骤的排查，基本上可以找到有问题的计算机、网卡、接口、插座、线路、跳线架、交换机、路由器、服务器、协议等。

（3）网络带宽、时延测试

在两个测试机上安装客户 Endpoint 软件，在 console 机上安装 Chariot 软件，设置 IP 地址对，进行响应时间和吞吐量等测试。

（4）网络流量、病毒监控

开启防火墙，运行扫描软件，观察网络流量是否正常，是否有违规的计算机，是否有 ARP 欺骗，是否有病毒入侵和攻击，是否有过多的广播或其他错误。

例如：是否有违规的计算机和 ARP 欺骗，可用"科来"软件 MAC 扫描器完成，方法如下：

步骤 1：运用"科来"MAC 扫描全网机器，收集"MAC—IP—用户名"对照表添加入库。

在校园网中如果出现 IP 地址冲突现象或者 ARP 欺骗等问题时，要求网管员能够迅速找到违规主机或者欺骗主机，即使知道了主机的 IP 地址，但不知道这个 IP 地址是哪台机器在使用，处理起来就太麻烦了，所以一个合格的网管员在管理校园网时首先要整体规划 IP 地址，然后收集齐全校所有设备的 MAC—IP—用户名对照表，进行 MAC—IP—用户名备案，以便出现问题时能及时找到源头进行处理。运用科来 MAC 地址扫描器专业版就能帮助用户方便迅速地收集这些信息。第一次运行扫描到的 IP 和 MAC 地址都会以蓝色字体显示，可以把这些新加入的地址添加到数据库以达到备案编辑的目的，如图 24-7 所示。

117.115.53.200	00:1D:72:98:47:D3	新IP地址与MAC地址
117.115.53.233	5E:A0:18:67:06:20	记录已存在，且IP与MAC地址完全匹配
117.115.53.232	5E:A0:10:4B:46:58	记录已存在，且IP与MAC地址完全匹配
117.115.53.234	00:40:30:DB:CF:68	记录已存在，且IP与MAC地址完全匹配

图 24-7 "科来"软件进行 MAC 扫描

"117.115.53.200   00:1D:72:98:47:D3"是新加入网络的机器，会以蓝色显示，表示新 IP 地址与 MAC 地址，可以用右键添加到数据库，如果数据库内有了记录，在扫描时会表明记录已存在，且 MAC 地址完全匹配。添加到数据库后可以进行标注，就完成了对 MAC—IP—用户名的备案，如图 24-8 所示。

IP地址	MAC地址	主机名
117.115.53.1	00:C0:9F:2D:70:55	服务器-CMIS
117.115.53.2	00:19:D1:1A:FA:F5	巨各庄中心小学
117.115.53.3	00:0C:76:A1:52:65	服务器-内网
117.115.53.4	00:60:E0:80:D8:86	JGZWLCCH
117.115.53.5	00:14:78:2E:8E:11	服务器-论坛
117.115.53.6	00:21:97:36:CF:57	机房服务器二

图 24-8 对 MAC—IP—用户名进行备案

这样就收齐了全网段内"MAC—IP—用户名"的信息,如有故障时就能及时查询。

步骤 2:运用"科来"MAC 扫描全网找出违规机器。

有了全网的"MAC—IP—用户名"资料,出现故障就比较容易解决。作为一名网管员每天应该分时段进行多次全网扫描以便及时发现问题并处理。在扫描时能够及时发现非法修改 IP 地址的行为,非法盗用其他机器 IP 地址的行为,非法修改 MAC 地址的行为,并能提供比对,以红色字体给出警告,分析找到非法用户,如图 24-9 所示。

117.115.53.141	00:1E:8C:01:8A:8B	记录已存在,且IP与MAC地址完全匹配
117.115.53.142	00:19:21:46:9B:28	记录已存在,且IP与MAC地址完全匹配
117.115.53.145	00:21:70:C6:5B:88	记录已存在,且IP与MAC地址完全匹配
117.115.53.160	78:06:17:38:03:E4	⚠ IP地址与MAC地址各自匹配一条记录(双击
117.115.53.232	5E:A0:10:4B:46:58	记录已存在,且IP与MAC地址完全匹配
117.115.53.233	5E:A0:18:67:06:20	记录已存在,且IP与MAC地址完全匹配
117.115.53.234	00:40:30:DB:CF:68	记录已存在,且IP与MAC地址完全匹配
117.115.53.254	00:E0:FC:21:47:1A	记录已存在,且IP与MAC地址完全匹配

图 24-9　"科来"MAC 扫描全网找出违规机器

117.115.53.160 这条记录以红色显示,表示有报警信息,后面解释为此 IP 地址和 MAC 地址都有记录但与数据库不匹配,双击可以查看详细比对结果,如图 24-10 所示。

图 24-10　详细比较结果

图 24-10 是详细比对结果,从中可以看出,实际违规的机器为 117.115.53.100,它的 MAC 地址为 78:06:17:38:03:E4,这台机器的用户把 IP 地址改为了 117.115.53.160,而这个 IP 应该归 MAC 地址为 00:21:97:38:2C:A6 的机器使用,所以是 117.115.53.100 盗用了 117.115.53.160 的 IP,这样就造成了 IP 地址的冲突,我们可以迅速找到这个用户解决故障。其实"科来"MAC 地址扫描器还能对修改 MAC 地址的行为进行报警和比对。

3.IP 地址冲突的检测

在同一个局域网里如果有两个用户同时使用了相同的 IP 地址,或者一个用户已经通过 DHCP 得到了一个 IP 地址,而此时又有其他用户以手工分配方式设定了与此相同的 IP 地址,就会造成 IP 地址冲突,并会令其中一个用户无法正常使用网络。另外,病毒也能造成这种情况:如局域网 ARP 病毒攻击。ARP 病毒并不是某一种病毒的名字,而是对利用 ARP 协议的漏洞进行传播的一类病毒的总称。目前互联网上,ARP 攻击的手段通常有两种:网关欺骗和路由欺骗。实际上这是一种入侵局域网计算机的病毒木马。下面介绍 7 种方法来避免这种情况的发生和解决 IP 地址冲突。

方法 1：找到屏幕上显示 IP 地址冲突的计算机，如图 24-11 所示；或者找到未获得 IP 地址的计算机，单击任务栏右边的计算机图标，显示为"正在获取网络地址"，但是始终得不到 IP 地址（双击任务栏右边的计算机图标，选择"支持"标签和单击"详细信息"可查看 IP 参数），拔掉此计算机的网线，重新设置。

图 24-11　系统提示 IP 冲突

注意：并非所有冲突的计算机都会显示如图 24-11 所示的信息。

也可以用扫描软件，如网络执法官，找到另一台 IP 地址冲突的计算机。

方法 2：逐一排查。

这是最原始的方法，就是发生 IP 地址冲突时，在局域网内，逐个查看每台计算机，找到 IP 地址冲突的计算机后修改 IP 地址即可。不过这样比较耗时间，不适合在大型局域网中使用，只适合在很小的网络环境中使用。

方法 3：用网络执法官软件扫描局域网，找到 IP 地址冲突的所有计算机，用此软件将外来的计算机（或设置可能有错误的）排除局域网，保留认定设置正确的计算机。

方法 4：MAC 地址绑定。

步骤 1：事先收集局域网中所有计算机的 MAC 地址。

①检查本地计算机的 MAC：通过在本地计算机系统中运行 ipconfig.exe 即可测知网卡的 MAC 地址。

②远程测试计算机的 MAC 地址：对于网络管理员而言，可以用 TCPNetView 工具软件实现远程测知局域网中所有计算机的 MAC 地址。该软件在安装完成之后，双击 tcpnv.exe 即可显示程序主窗口，在"File"菜单中选择"Refresh"命令，或者直接按 F5 键，即可开始对局域网中现有的计算机进行扫描，然后将显示计算机名、IP 地址和 MAC 地址等内容。

步骤 2：绑定和冲突定位。

①当获得了计算机上网卡的 MAC 地址后，可以把它记录下来，建立 MAC 地址表。由网管在网关或者防火墙上进行配置即可。具体的绑定命令视采用的网关或者防火墙不同而有所变化，这时，如果有其他的计算机想使用已绑定过的地址，就会出现 IP 地址已经被使用的提示。

②用扫描软件，如网络执法官，对局域网进行扫描，找到 IP 地址冲突的计算机，将其 MAC 地址和记录的 MAC 地址表比较，就能定位冲突的计算机。

方法 5：用交换机隔离网段，划分 VLAN。

过去常常在网络里使用路由器和集线器，而现在很多局域网转而采用了交换机。随着近几年来交换机的大幅降价，交换机在网络市场上占据了主导地位，主要原因是交换机性价比高，结构灵活，可以随着未来应用的变化而灵活配置。对于所遇到的 IP 地址冲突，还可以利用交换机的端口,把不同部门隔离开,这是因为利用交换机可以对不同区域实行不同的管理,经过分割的网段之间互不干扰,可以在一定程度上解决 IP 地址冲突的问题。

虽然可以用交换机来实现网段隔离,从而在一定程度上避免 IP 地址冲突的发生,但它仍不能防止由于同一个端口下的网段内用户配置错误而引起的 IP 地址冲突。更好的解决方法是,利用交换机划分 VLAN,再利用 MAC 地址绑定的方法来综合处理。

方法 6:为网卡释放和更新 IP 地址。

单击"开始"→"运行",键入"ipconfig /release",单击"确定"按钮,再次单击"开始"→"运行",键入"ipconfig /renew",单击"确定"按钮,即可解决 IP 地址冲突。

如果系统提示无法更新,则需要重新启动计算机。

方法 7:如果是 ARP 病毒攻击,应安装 ARP 防火墙和运行 ARP 病毒清除软件,并把防火墙级别调至最高即可。

4.能上 QQ 聊天、玩游戏,但不能浏览网页

（1）协议参数设置问题

这种情况比较容易出现在需要手动指定 IP、网关、DNS 联网方式下,以及使用代理服务器上网的环境,需要修改协议参数。

（2）DNS 服务器的问题

当无法浏览网页时,可先尝试用 IP 地址来访问,如果可以访问,那应该是 DNS 的问题。原因可能是连网时获取 DNS 出错或 DNS 服务器本身有问题,这时可以手动指定 DNS 服务（地址可以是当地 ISP 提供的 DNS 服务器地址,建议使用免费的、速度比较快的 DNS 地址,如 114.114.114.114、8.8.8.8）。

还有一种可能,是本地 DNS 缓存出现了问题。为了提高网站访问速度,系统会自动将已经访问过并获取 IP 地址的网站存入本地的 DNS 缓存里,一旦再对这个网站进行访问,则不再通过 DNS 服务器而直接从本地 DNS 缓存取出该网站的 IP 地址进行访问。所以,如果本地 DNS 缓存出现了问题,会导致网站无法访问。可以在"运行"中执行"ipconfig /flushdns"重建本地 DNS 缓存。

（3）IE 浏览器的问题

当 IE 浏览器出现故障时,自然会影响浏览网页;或者 IE 被恶意修改、破坏,也会导致无法浏览网页。这时可以尝试用"黄山 IE 修复专家"来修复 IE（建议到安全模式下修复）,或者重启 IE,或者使用其他浏览器。

（4）网络防火墙的问题

如果网络防火墙设置不当,如安全等级过高、不小心把 IE 放进了阻止访问列表、错误的防火墙策略等,可尝试检查策略、降低防火墙安全等级或直接关掉防火墙,看是否恢复正常。

（5）网络协议和网卡驱动的问题

IE 无法浏览有可能是网络协议（特别是 TCP/IP 协议）或网卡驱动损坏导致,可尝试重新安装网卡驱动和网络协议。

（6）HOSTS 文件的问题

HOSTS 文件被修改,也会导致浏览网页不正常,解决方法是清空 HOSTS 文件里的内容。

（7）系统文件的问题

当与 IE 有关的系统文件被更换或损坏时，会影响 IE 的正常使用，这时可使用 SFC 命令修复，在 Windows 7 系统中，可以在"运行"中执行"sfc /scannow"尝试修复。

如果 IE 无法浏览网页，而其他浏览器可以浏览，这往往是由于 winsock.dll、wsock32.dll 或 wsock.vxd 等文件的损坏或丢失造成的。winsock 是构成 TCP/IP 协议的重要组成部分，可以使用 netsh 命令重置 TCP/IP 协议，使其恢复到初次安装时的状态。具体操作如下：

单击"开始"→"运行"，在运行对话框中输入"cmd"命令，弹出命令提示符窗口，接着输入"netsh int ip reset c:\resetlog.txt"命令后按回车键即可，其中"resetlog.txt"文件是用来记录命令执行结果的日志文件，该参数选项必须指定，这里指定的日志文件的完整路径是"c:\resetlog.txt"。执行此命令后的结果与删除并重新安装 TCP/IP 协议的效果相同。针对这个问题的修复工具是 WinSockFix，可以在网上搜索下载。

（8）杀毒软件的实时监控问题

IE 无法浏览网页有时的确跟实时监控有关，因为现在杀毒软件的实时监控都添加了对网页内容的监控。例如，江民杀毒软件 KV2005 就会在个别的计算机上导致 IE 无法浏览网页（不少用户遇到过），其具体表现是只要打开网页监控，上网大约 20 分钟后，IE 就会无法浏览网页，这时如果把 KV2005 的网页监控功能关掉，就可恢复正常。

（9）网络应用客户端程序和跟网络有关的服务运行不正常

一些网络应用需要下载客户程序，当下载客户程序，安装运行后就会出现打不开网页的情况。相关服务程序，如 Workstation、Remote Access Connection Manager、Network Connections、Application Management 等，它们如果运行不正常，也会出现只能上 QQ 不能打开网页的情况，有时重新启动计算机后就可以了。但重新启动计算机，打开 7~8 个网页后又不能打开网页了，只能上 QQ。解决方法：卸载或升级网络应用客户程序，重新启动或安装正常的系统服务程序。

（10）感染病毒所致

这种情况往往表现在打开 IE 时，在 IE 界面的左下框里提示：正在打开网页，但一直没响应。在任务管理器里查看进程（进入方法，把鼠标放在任务栏上，单击右键选择"任务管理器"→"进程"），如果 CPU 的占用率是 100%，可以肯定是感染了病毒。这就要看是哪个进程过多地占用了 CPU 资源，找到后，记录下程序的名称，然后单击结束进程；如果不能结束，则要到安全模式下把它删除，还需要在注册表中删除（方法："开始"→"运行"，输入"regedit"，在注册表对话框里，单击"编辑"→"查找"，输入记录的程序名，找到后，单击右键选择"删除"，然后再重复进行几次搜索，必须彻底删除干净）。

5.网络速度变慢的检测

（1）网络自身问题

连接的目标网站所在的服务器带宽不足或负载过大。处理办法很简单，换个时间段上网或者换个目标网站。

（2）网线问题导致网速变慢

在实践中发现网线不按正确标准（T568A、T568B）制作，其表现为：一种情况是刚开始使用时网速就很慢；另一种情况则是开始网速正常，但过了一段时间后，网速变慢。

（3）网络中存在回路导致网速变慢

当网络涉及的节点数不多、结构不是很复杂时，这种现象一般很少发生。但在一些比较复杂的网络中，经常有多余的备用线路，如无意间连上时会构成回路。例如网线从网络中心接到计算机一室，再从计算机一室接到计算机二室。同时从网络中心又有一条备用线路直接连到计算机二室，若这几条线同时接通，则构成回路，数据包会不断发送和校验数据，从而影响整体网速。这种情况查找比较困难。为避免这种情况发生，要求工作人员在铺设网线时一定要养成良好的习惯：网线打上明显的标签，有备用线路的地方要作好记载。当怀疑有此类故障发生时，一般采用分区分段逐步排除的方法。

（4）网络设备硬件故障引起的广播风暴而导致网速变慢

广播作为发现未知设备的主要手段，在网络运行中起着非常重要的作用。然而，随着网络中计算机数量的增多，广播包的数量会急剧增加。当广播包的数量达到30%时，网络的传输效率将会明显下降。当网卡或网络设备损坏后，会不停地发送广播包，从而导致广播风暴，使网络通信陷于瘫痪。因此，当网络设备硬件有故障时也会引起网速变慢。当怀疑有此类故障时，首先可采用置换法替换网卡或集线器或交换机来排除集线设备故障。如果这些设备没有故障，关掉集线器或交换机的电源后，在 DOS 系统下用 ping 命令对所涉及的计算机逐一测试，找到有故障网卡的计算机，更换新的网卡即可恢复网速正常。网卡、集线器以及交换机是最容易出现故障引起网速变慢的设备。

（5）网络中某个端口形成了瓶颈导致网速变慢

实际上，路由器广域网端口和局域网端口、交换机端口、集线器端口和服务器网卡等都可能成为网络瓶颈。当网速变慢时，我们可在网络使用高峰时段，利用网管软件查看路由器、交换机、服务器端口的数据流量；也可用 Netstat 命令统计各个端口的数据流量。据此确认网络数据流通瓶颈的位置，设法增加其带宽。具体解决方法有多种，如更换服务器网卡为 100 M 或 1 000 M、安装多个网卡、划分多个 VLAN、改变路由器配置来增加带宽等，都可以有效地缓解网络瓶颈，最大限度地提高数据传输速度。

（6）病毒的影响导致网速变慢

通过 E-mail 散发的蠕虫病毒对网络速度的影响越来越严重，危害性极大。这种病毒导致被感染的用户只要一上网就不停地往外发邮件，病毒选择用户个人计算机中的随机文档，附加在用户计算机的通信簿的随机地址上进行邮件发送。成百上千的这种垃圾邮件有的排着队往外发送，有的又成批成批地被退回来堆在服务器上，造成个别骨干互联网出现明显拥塞，网速明显变慢，使局域网近于瘫痪。

又如 ARP 扫描攻击能导致网络速度变慢，下面举例分析如何用科来网络分析系统抓包分析主机通信状况从而发现故障原因。具体步骤如下：

步骤 1：在主机上运行科来网络分析系统（注：由于只抓本机的数据包，所以不需专门部署）开始抓包。大约 2 分钟以后，停止抓包，我们来看一下该主机（假设 IP 为 192.168.0.38）的网络通信。在矩阵视图中，可以清楚地看到该主机在这 2 分钟内与网络中的哪些主机或设备进行过通信，从图 24-12 中可以看出，该主机与 45 个端点进行过通信，从网络连接来看，该主机与内网中的所有主机都有过通信，显然不太正常，值得怀疑。

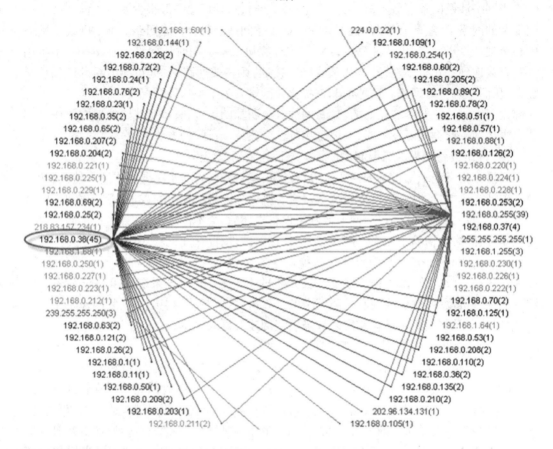

图 24-12 "科来"网络通信的矩阵视图

步骤 2：如果需要了解详细的通信内容，可以在会话视图中进行查看。我们再看诊断视图，科来网络分析系统的专家诊断功能可以自动诊断很多网络故障，并且自动定位发生该故障的详细信息，如发生故障源 IP、MAC 地址等，在图 24-13 中可以看到：该主机有 ARP 扫描行为，并且，源 IP 和源 MAC 正是 192.168.0.38 及 00：14：85：CA：F5：22，这就印证了我们在矩阵视图中看到的结果，由于该主机开机时在进行 ARP 扫描，以至于和内网中的其他主机都在进行连接通信。

步骤 3：查看数据包解码，进一步证明刚才的判断。从数据包解码看：这台主机不断地向内网中的主机发起 ARP 请求，如图 24-14 所示。

步骤 4：这时，发现故障的原因是该主机在进行 ARP 扫描，但是现在并没有运行任何扫描软件，可能是计算机感染了木马或病毒。

打开 Windows 的进程管理器，如图 24-15 所示，发现一个可疑进程：macdetect.exe。在我们没有开启任何应用程序的情况下，Windows 的系统进程中没有这一个进程。在网上搜索这个进程，发现是安装网路岗软件后自动加载的一个扫描程序。

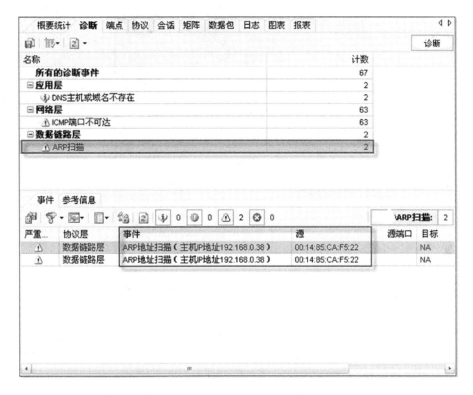

图 24-13　"科来"网络通信的诊断视图

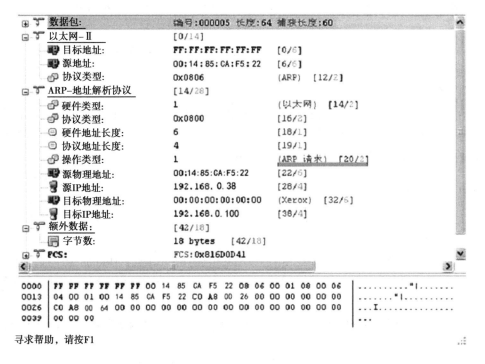

图 24-14　数据包解码信息

图 24-15　任务管理器进程显示

步骤 5：卸载网路岗后，问题得到解决。造成这种问题的原因可能是网路岗为了获得网络中主机 IP 地址与 MAC 地址的对应关系，于是主动向其他主机发送 ARP 请求，导致计算机的通信连接异常。

由上可知，我们必须及时升级所用杀毒软件；计算机也要及时升级、安装系统补丁程序，同时卸载不必要的服务、关闭不必要的端口，以提高系统的安全性和可靠性

（7）防火墙的过多使用

同时使用多个防火墙也可能导致网速变慢，处理办法是卸载不必要的防火墙，只保留一个功能强大的即可。

（8）系统资源不足

计算机操作系统在使用一段时间后会产生很多垃圾文件，并加载太多的应用程序在后台运行，给计算机运行造成负担，使其处理速度变慢。必须合理地加载软件并删除无用的程序及文件，释放系统资源，以达到提高网速的目的。

6.网络中存在环路和广播风暴的检测

（1）广播风暴产生的主要原因

- 网络不正确的设计和规划，一开始就存在环路。
- 网络设备的缺陷或配置错误，如使用 Hub 组成共享式网络，Hub 属于广播设备。
- 网卡或网络设备损坏，当某块网卡或网络设备的某个端口损坏后，可能向网络发送大量广播帧和非法帧。
- 网络环路，即一条物理网络线路的两端同时接在了一台网络设备中，或是经过了不同的设备但还是形成了环路。
- 网络病毒，许多病毒和木马程序如 Funlove、震荡波、RPC、ARP 等也可以引起广播风暴。网络中一旦有一台机器中毒，会立即通过网络进行传播。
- 黑客软件，一些上网者经常利用网络执法官、网络剪刀手等黑客软件对网络进行攻

击,由于这些软件的使用,网络也可能会引起广播风暴。

(2)防范手段

• 从网络的拓扑结构图入手,理清设备的连接关系,避免出现环路,采用分区分段逐步排除的方法。

• 安装网络版杀毒软件并及时升级,安装系统补丁程序,同时卸载不必要的服务,关闭不必要的端口,防止病毒入侵。

• 利用网络设备把网络分段,如用交换机的 VLAN 技术。通常 VLAN 可基于交换机端口、基于计算机 MAC 地址和基于 IP 地址将局域网交换机从逻辑上划分成一个个网段,可解决以太网的广播和安全性问题。

(3)检测方法

• 用 ARP 命令。先执行 ARP-d,清除缓存。等一段时间后再执行 ARP-a,可以发现 ARP 表中列出了所有的计算机,同时注意观察交换机的数据指示灯是否狂闪,如果给交换机断电后再通电,指示灯暂时没有狂闪,然后又开始狂闪,说明存在广播风暴。

• 使用替换法把怀疑有质量问题的网络设备换下来。

• 利用科来网络分析系统 capsa、Wireshark 、Sniffer、360 流量防火墙监控网络,了解网络运行的大致情况。重点观察广播帧的数量和所占比例,即可找到广播风暴的源头所在。下面以科来网络分析系统 capsa 为例,给出检查广播风暴的方法。

步骤 1:建立广播数据包过滤器。

打开"过滤器"→"从过滤器列表",勾选"Broadcast",如图 24-16 所示。

图 24-16　科来网络分析系统过滤器设置

步骤2:检测广播风暴的相关参数。

进行捕包(由于已经建立好广播包过滤器,这里所捕获的数据全是广播数据包),然后统计相应的参数,如图24-17所示。

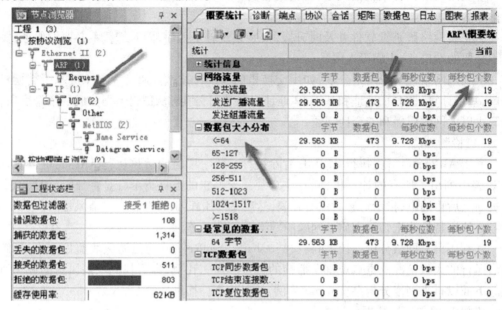

图24-17　广播数据统计视图

①统计参数。

统计参数通常包括广播数据包字节数、广播数据总数、每秒包个数、数据包大小分布、协议类型等,还可以根据自身网络的需要进行添加。

这里以100 M以太网为例,其每秒的最大数据为12.5 MB/s = 12.5×1 000 KB/s = 12 500 KB/s。如果网络中广播数据包的每秒数接近或大于此值,网络就存在"广播风暴"。

数据包的总数、个数以及大小的分布,根根网络的大小而不尽相同,如果发现某时和网络正常时的值相差较大,也要引起注意。

协议类型主要是统计所占流量最大的协议。这里要注意区分ARP请求与ARP应答的关系,ARP请求是广播,而ARP应答是单播;如果通过过滤器捕获到ARP协议占用了较大的流量,那网络中就存在"ARP扫描",此时我们可以切换到"诊断视图"进行定位。

②数据包的IPID标识。

IPID唯一标识了数据报或数据报的流。如果网络某一协议所占的流量大,我们可以通过"数据包"视图来查看它的IPID,如果相同,可以判断影响当前网络运行是由网络环路造成的,如图24-18所示。

③查看网络利用率。

利用率分为位利用率和利用率百分比,用网络中的实时流量即每秒位数(在"概要视图"中查看)除以网络带宽(100 M以太网或1 000 M以太网)就等于利用率。通常在以太网中,利用率达到50%就已经是非常好的网络了,所以如果广播数据包的利用率达到30%以上,也就是说在100 M以太网中广播数据达到30 MB/s时,那网络中就存在"广播风暴",如图24-19和图24-20所示。

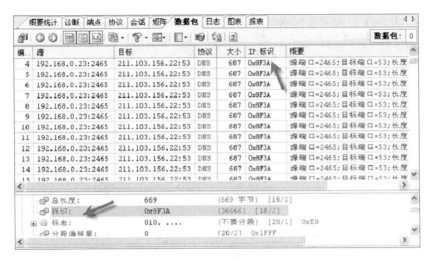

图 24-18　数据包的 IPID

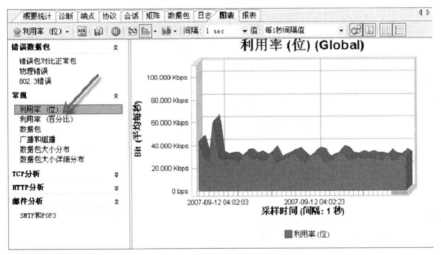

图 24-19　网络利用率(位)

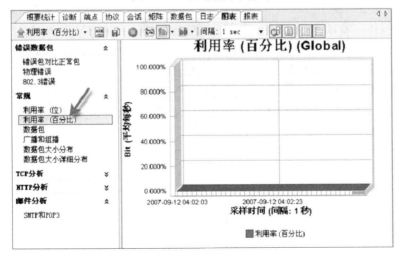

图 24-20　网络利用率(百分比)

另外,使用 360 流量防火墙能快速掌握网络运行状况,如图 24-21 所示。

图 24-21　360 流量防火墙

六、实验总结

完成该实验后,需要从以下几个方面进行总结:

(1)所有的故障总体可分为物理故障与逻辑故障,也就是通常所说的硬件故障与软件故障。讨论硬件故障和软件故障分别涉及哪些方面。

(2)故障排查的基本过程是:识别故障、分析原因、检测确认、故障处理。针对网络中出现的某一具体故障,试按照这 4 个过程进行分析处理。

(3)连接网络后,发生故障是不可避免的,重要的是做好网络运行管理和提高故障诊断水平。提高故障诊断水平需要考虑哪些方面的问题?

(4)局域网环境中产生广播风暴是一种很严重的网络故障,以预防为主的防治措施应是主要对策。熟悉实验中使用的科来网络分析软件,正确理解主要视图,能对主要的网络参数加以分析。

实验二十五　家用宽带路由器连接上网

一、实验目的

(1)掌握家用宽带路由器连接方法。

(2)会配置路由器,实现家用宽带路由器上网。

二、实验设备与环境

PC 机、宽带路由器、双绞线、小区宽带或是 ISP 提供的宽带接入。

三、实验内容

将家用 PC 机通过路由器实现宽带上网。

四、实验原理

1.ADSL

ADSL(Asymmetric Digital Subscriber Line,非对称数字用户线路)是一种非对称的 DSL 技术。非对称是指用户线的上行速率与下行速率不同,上行速率低,下行速率高,特别适合传输多媒体信息业务,如视频点播(VOD)、多媒体信息检索和其他交互式业务。ADSL 在一对铜线上支持上行速率 512 kbit/s～1 Mbit/s,下行速率 1～8 Mbit/s,有效传输距离在 3～5 km,它是继 Modem、ISDN 之后的一种全新的更快捷高效的接入方式。目前,ADSL2+ 下行速率达到了 20 Mbit/s,传输距离可达 6 km。我国的家庭宽带大多使用 ADSL。

2.无线路由器

当前,很多家庭都拥有不止一台上网设备,如台式计算机、笔记本、iPad、智能手机等都需要上网。在家庭里首选通过无线路由器搭建一个 Wi-Fi 网络,供家庭智能终端设备上网。

大多数的无线路由器都是即插即用,不需要安装驱动程序。通过浏览器登录 Web 界面进行配置,也支持设置向导功能,因此可以较为快速地组建家庭无线网络。

无线路由器的前面板如图 25-1 所示,背面板如图 25-2 所示。

前面板上依次排列 PWR 灯、SYS 灯、WLAN 灯、1-4 LAN 灯、WAN 灯和 WPS 灯。各指示灯的作用如下:

- PWR:电源指示灯。常灭,表示未接通电源;常亮,表示已加电。
- SYS:系统状态指示灯。常灭,表示设备正在初始化;闪烁,表示工作正常。

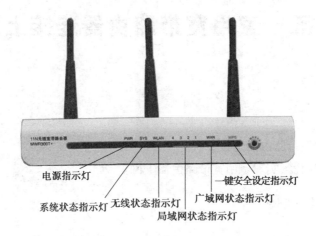

图 25-1　无线路由器前面板

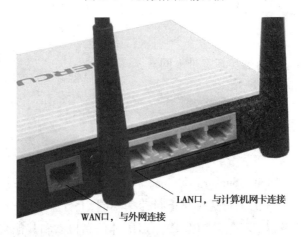

图 25-2　无线路由器背面板

●WLAN:无线状态指示灯。常灭,表示未启用无线功能;闪烁,表示已经启用无线功能。

●1-4 LAN:局域网状态指示灯。常灭,端口未连接设备;闪烁,端口正在传输数据;常亮,端口已连接设备。

●WAN:广域网状态指示灯。常灭,端口未连接设备;闪烁,正在传输数据;常亮,端口已连接设备。

●WPS:一键安全设定指示灯。绿色闪烁,正在安全连接;绿色常亮,安全连接成功;红色闪烁,安全连接失败。

　　路由器的背面板,分别有 1 个 WAN 口和 4 个 LAN 口。WAN 口用来连接 Internet,LAN 口则用来连接计算机的网卡。

五、实验步骤

1.连接

路由器的 WAN 口接 ADSL Modem,直通双绞线的一端接路由器的 LAN 口,另一端接PC 机的网卡,路由器接上电源,打开计算机即可。

2.访问路由器

在浏览器的地址栏输入路由器的地址,通常生产厂家不同,地址也不一样。本实验中使用的是 TP-Link 的一款无线路由器,IP 地址是 192.168.1.1。

3.路由器配置

无线路由器支持在有线和无线方式下配置,建议第一次配置路由器时在有线方式下完成。

步骤 1:在浏览器的地址栏输入路由器的地址后首先会出现一个对话框,要求进行身份验证,输入无线路由器的初始用户名和密码(都为 admin)。单击"确定"按钮进入无线路由器配置首页。无线路由器支持向导配置,非常方便。如图 25-3 所示,单击"下一步"按钮,进入向导配置。

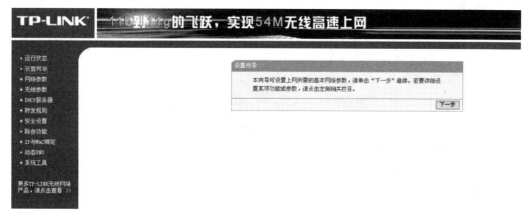

图 25-3　设置向导

步骤 2:选择上网方式。路由器支持 3 种常用的上网方式:以太网宽带(动态 IP)、以太网宽带(静态 IP)、ADSL 虚拟拨号(PPPoE)。我们在实际使用的时候应该根据实际情况进行选择。本实验介绍的是家庭宽带,应该选择 ADSL 虚拟拨号(PPPoE),如图 25-4 所示,单击"下一步"按钮。

步骤 3:输入网络服务商提供的上网账号和口令,单击"下一步"按钮。

步骤 4:无线设置。

在无线设置中有 4 个参数可以设置:无线状态、SSID、信道和频段带宽,如图 25-5 所示。

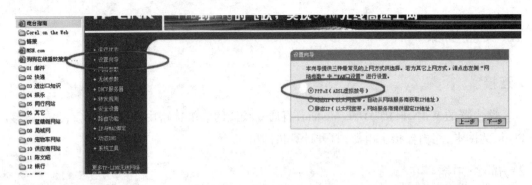

图 25-4　选择上网方式

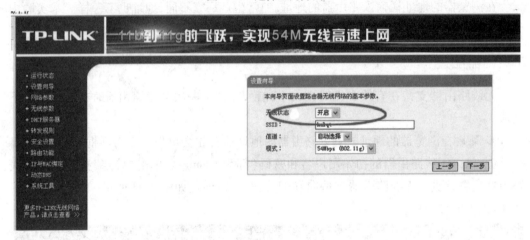

图 25-5　无线设置

①无线状态选择开启。如果关闭无线状态,无线网络将不可用。

②可以修改 SSID,用一个自己的名称来标识无线网络。

③选择一个信道,如果周围存在其他相同信道的无线网络,我们的网络就会受到一定程度的干扰,所以在选择信道时最好选择一个和其他网络不同的信道。

④频段带宽可以选择自动,最好与周围的网络相区别,避免干扰。

如果觉得信号不够稳定可以尝试更换一个不同的信道,或者选择不同的频段带宽。

步骤 5:设置完成后单击"下一步"按钮,就完成了基本网络参数的配置,重启系统后就可以访问网络了。

步骤 6:PPPoE 配置还可以设置上网账号、上网口令,对连接模式进行选择,如按需连接、自动连接、手动连接等。如果是包月上网,就可以选择自动连接,如图 25-6 所示。

步骤 7:无线安全设置。在无线安全设置里,加密模式有 WEP、WPA/WPA2、WPA-PSK/WPA2-PSK,需要注意的是 11N 模式是不支持 WEP 加密的。若选择 WEP 加密方式,则路由器自动跳转到 11G 模式下工作。在普通环境下使用 WPA-PSK/WPA2-PSK 就可以了,不仅安全可靠,所用的短语式密码也便于记忆,如图 25-7 所示。

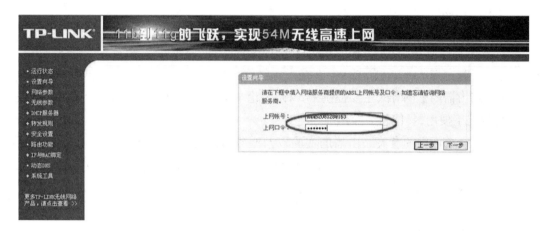

图 25-6　PPPoE 设置

上网帐号：　haa52081280163

上网口令：　●●●●●●●●●●●●●●

如果正常拨号模式下无法连接成功,请依次尝试下列模式中的特殊拨号模式:

⊙ 正常拨号模式

○ 特殊拨号模式1

○ 特殊拨号模式2

○ 特殊拨号模式3

○ 特殊拨号模式4

○ 特殊拨号模式5

○ 特殊拨号模式6

根据您的需要,请选择对应的连接模式:

○ 按需连接,在有访问时自动连接

　　自动断线等待时间:15分(0 表示不自动断线)

⊙ 自动连接,在开机和断线后自动连接

○ 定时连接,在指定的时间段自动连接

　　注意:只有当您到"系统工具"菜单的"时间设置"项设置了当前时间后,"定时连接"功能才能生效。

　　连接时段:从0时0分到23时59分

○ 手动连接,由用户手动连接

　　自动断线等待时间:15分(0 表示不自动断线)

图 25-7　无线安全设置界面

4.终端设备连接到无线路由器

家庭中使用的笔记本电脑、iPad、智能手机等需通过无线路由器连接上网,可以参照实验二十三,把无线路由器看作一个 AP,构成 Wi-Fi。

六、实验总结

完成该实验后,需要从以下几个方面进行总结:

(1)家庭宽带 ADSL 接入与 Wi-Fi 接入有何异同?

(2)路由器的上网方式主要提供了 3 种,讨论本实验中未提及的另两种上网方式应该在哪种情况下使用,具体怎么操作。

(3)结合前面做的有关路由器的实验以及服务器配置实验,讨论在路由器设置界面中的"网络参数"下"LAN 口设置"中的 IP 地址、掩码地址、网关地址,以及"DHCP 服务"中各参数的意义和如何使用。

第五部分

网络应用编程实验

◆ 使用 UDP 协议的无连接客户/服务器程序设计

◆ 使用 TCP 协议的可靠连接客户/服务器程序设计

实验二十六　使用 UDP 协议的无连接客户/服务器程序设计

一、实验目的

(1)进一步掌握 UDP 协议的工作原理。

(2)掌握基本的网络编程方法。

二、实验设备与环境

(1)安装 Windows 7 操作系统的 PC 机。

(2)安装 VS2017 微软集成开发环境。

(3)安装 SnifferPro 探嗅器。

三、实验内容

在 Windows 7 操作系统下,设计一个使用 UDP 协议无连接的客户/服务器系统,实现二者之间的数据传递,使用探嗅器查看数据报文格式及内容。(要完成以上任务就需要服务器、客户机、监控机 3 个终端机。如果实验条件有限,可以使用一台 PC 机进行配置,将上述 3 个终端机合为一体)

四、实验原理

1.涉及套接字编程的基本概念

• 半相关:在网络中用一个三元组可以在全局唯一标识一个进程,这样一个三元组(协议、本地地址、本地端口号)称为一个半相关(Half-Association),它指定连接的每半部分。

• 全相关:一个完整的网间进程通信需要由两个进程组成,并且只能使用同一种高层协议。也就是说,不可能通信的一端用 TCP 协议,而另一端用 UDP 协议。因此,一个完整的网间通信需要一个五元组来标识,这样一个五元组(协议、本地地址、本地端口号、远地地址、远地端口号)称为一个全相关(Association),即两个协议相同的半相关才能组合成一个合适的全相关,或完全指定组成一连接。

TCP/IP 协议的地址结构为:

struct sockaddr_in

{

```
short      sin_family;              //AF_INET
u_short    sin_port;                //16 位端口号,网络字节顺序
struct     in_addr    sin_addr;     //32 位 IP 地址,网络字节顺序
char       sin_zero[8];             //保留
}
```

(1)套接字类型

TCP/IP 的 socket 提供下列 3 种类型套接字。

● 流式套接字(SOCK_STREAM):提供了一个面向连接、可靠的数据传输服务,数据无差错、无重复地发送,且按发送顺序接收。内设流量控制,避免数据流超限;数据被看作字节流,无长度限制。文件传送协议(FTP)使用流式套接字。

● 数据报式套接字(SOCK_DGRAM):提供了一个无连接服务。数据包以独立包形式发送,不提供无错保证,数据可能丢失或重复,并且接收顺序混乱。网络文件系统(NFS)使用数据报式套接字。

● 原始式套接字(SOCK_RAW):该接口允许对较低层协议,如 IP、ICMP 直接访问,常用于检验新的协议实现或访问现有服务中配置的新设备。

(2)基本套接字系统调用

为了更好地说明套接字编程原理,下面给出几个基本套接字系统调用说明。

● 创建套接字——socket()

应用程序在使用套接字前,首先必须拥有一个套接字,系统调用 socket(),向应用程序提供创建套接字的手段,其调用格式如下:

SOCKET socket(int af, int type, int protocol);

该调用要接收 3 个参数:af、type、protocol。参数 af 指定通信发生的区域,UNIX 系统支持的地址族有:AF_UNIX、AF_INET、AF_NS 等,而 DOS、Windows 中仅支持 AF_INET,它是网际网区域。因此,地址族与协议族相同。参数 type 描述要建立的套接字的类型。参数 protocol 说明该套接字使用的特定协议,如果调用者不希望特别指定使用的协议,则置为 0,使用默认的连接模式。根据这 3 个参数建立一个套接字,并将相应的资源分配给它,同时返回一个整型套接字号。因此,socket()系统调用实际上指定了相关五元组中的"协议"这一元。

● 指定本地地址——bind()

当一个套接字用 socket()创建后,存在一个名字空间(地址族),但它没有被命名。bind()将套接字地址(包括本地主机地址和本地端口地址)与所创建的套接字号联系起来,即将名字赋予套接字,以指定本地半相关。其调用格式如下:

int bind(SOCKET s, const struct sockaddr FAR * name, int namelen);

参数说明:s 是由 socket()调用返回的并且未作连接的套接字描述符(套接字号)。name 是赋给套接字 s 的本地地址(名字),其长度可变,结构随通信域的不同而不同。namelen 表明了 name 的长度。

如果没有错误发生,bind()返回 0,否则返回值 SOCKET_ERROR。

地址在建立套接字通信过程中起着重要作用,作为一个网络应用程序设计者对套接字地址结构必须有明确认识。

● 接收数据——recvfrom( )

函数原型:ssize_t   recvfrom(int sockfd, void * buf, int len, unsigned int flags, struct sockaddr * from, socket_t * fromlen) ; ssize_t 相当于 int, socket_t 相当于 int ,这里用这个名字是为了提高代码的自说明性。

参数说明:sockfd:标识一个已连接套接字;buf:接收数据缓冲区;len:缓冲区长度;flags:调用操作方式;from:(可选)指针,指向装有源地址的缓冲区;fromlen:(可选)指针,指向 from 缓冲区长度值。

● 发送数据——sendto( )

函数原型: int sendto (SOCKET s, const char * buf, int len, int flags, const struct sockaddr * to, int tolen) ;

sendto( ) 用来将数据由指定的 socket 传给对方主机。

参数说明:s:SOCKET;buf:指向要发送的数据内容;len:数据内容字节数;Flags:一般设 0;to:用来指定要传送到的网络目的地址;tolen:sockaddr 的结构长度。

返回值:成功则返回实际传送出去的字符数,失败返回-1。

● 关闭套接字——closesocket( )

closesocket( )关闭套接字 s,并释放分配给该套接字的资源;如果 s 涉及一个打开的 TCP 连接,则该连接被释放。closesocket( ) 的调用格式如下:

BOOL closesocket(SOCKET s) ;

参数说明:s:待关闭的套接字描述符。如果没有错误发生,closesocket( )返回 0;否则返回值 SOCKET_ERROR。

2.无连接协议的 SOCKET 系统调用流程

用于无连接协议(如 UDP)的 SOCKET 系统调用流程如图 26-1 所示。

五、实验步骤

1.检查网络配置

为了确保实验正常进行,首先检查实验网络环境配置是否正确。如果实验中服务器、客户机、监控机全都使用同一台 PC 机,此步骤可以忽略;否则分别检查服务器、客户机、监控机的 IP 地址、子网掩码设置是否保证三者在同一网络中,检查各主机的防火墙设置是否有干扰网络实验的情况存在,然后使用 ping 命令检查三终端互通情况。确认三者网络畅通后,再进行后续步骤。

2.启动监控机

在监控机端启动 SnifferPro,设置探嗅器的 IP 过滤器,使得探嗅器只能监控客户机 IP

和服务器 IP 的网络数据交互内容,设置捕获数据包协议类型为 UDP。这样可以排除同一网络中其他主机的其他协议类型网络数据的干扰。

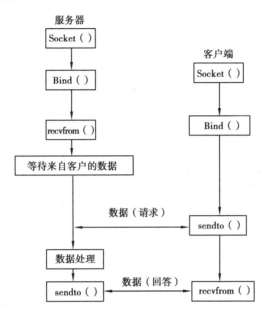

图 26-1　无连接协议的 SOCKET 系统调用流程图

3.启动服务器

本实验提供如下简单的 UDP 客户/服务器程序的服务端实例代码作为参考,注意套接字、发送接收数据等操作所使用的 API 和处理过程。

```
#include <stdio.h>
#include <winsock.h>
#define SERV_UDP_PORT 6666           //服务器进程端口号,视具体情况而定
#define SERV_HOST_ADDR "192.168.1.10"       //服务器地址,视具体情况而定
/ * 宏定义用来打印错误消息 * /
#define PRINTERROR( s ) fprint( stderr ," \n%: %d\n" ,s, WSAGetLastError( ) )
///////////////////////////////////////
//数据报通信的服务器子程序
///////////////////////////////////////
void DatagramServer( short nPort )
{
    SOCKET theSocket;
    / * 创建一个数据报类型的 socket * /
    theSocket = socket( AF_INET,             //地址族
    SOCK_DGRAM,                        //socket 类型
    IPPROTO_UDP );                     //协议类型:UDP
```

```
        //错误处理
        if( theSocket == INVALID_SOCKET)
        {
            PRINTERROR("socket( )");
            return;
        }
    /*填写服务器地址结构*/
    SOCKADDR_IN saServer;
    saServer.sin_family = AF_INET;
    saServer.sin_addr.s_addr = INADDR_ANY;          //由 WinSock 指定地址
    saServer.sin_port = htons( nPort);              //服务器进程端口号
    /*将服务器地址与已创建的 socket 绑定*/
    int nRet;
    nRet = bind( theSocket,                         //Socket 描述符
    ( LPSOCKADDR)&saServer,                         //服务器地址
    sizeof( struct sockaddr)                        //地址长度
    );
    /*错误处理*/
    if ( nRet == SOCKET_ERROR)
    {
        PRINTERROR("bind( )");
        closesocket( theSocket);
        return;
    }
    /*等待来自客户机的数据*/
    SOCKADDR_IN saClient;
    memset( &saClient, 0, sizeof( saClient));
    int nLen = sizeof( saClient);                   //获取客户机地址结构长度
    char szBuf[1024];
    printf("服务器已启动! \n");
    while( 1)
    {
        /*准备接收数据*/
        memset( szBuf, 0, sizeof( szBuf));
        nRet = recvfrom( theSocket,                 //已绑定的 socket
            szBuf,                                  //接收缓冲区
            sizeof( szBuf),                         //缓冲区大小
```

```
    0,                                          //Flags
    (LPSOCKADDR)&saClient,                      //接收客户机地址的缓冲区
    &nLen);                                     //地址缓冲区的长度
  if (nRet == -1)
  {
    continue;                                   //如果返回-1说明接收失败
  }
  /* 打印接收到的信息 */
  printf("\n 接收到从客户机发来的数据：%s", szBuf);
  /* 发送数据给客户机 */
  strcpy(szBuf, "这是从服务器发出的数据");
  nRet = sendto(theSocket,                      //已绑定的 socket
  szBuf,                                        //发送缓冲区
  strlen(szBuf),                                //发送数据的长度
  0,                                            //Flags
  (LPSOCKADDR)&saClient,                        //目的地址
  nLen);                                        //地址长度
}
closesocket(theSocket);
return;
}
///////////////////////////////
//数据报服务器端主程序         //
///////////////////////////////
void main()
{
  WORD wVersionRequested = MAKEWORD(1,1);
  WSADATA wsaData;
  int nRet;
  short nPort;
  nPort = SERV_UDP_PORT;
  /* 初始化 Winsock */
  nRet = WSAStartup(wVersionRequested, &wsaData);
  if (wsaData.wVersion != wVersionRequested)
  {
    fprintf(stderr,"\n Wrong version\n");
    return;
```

```
    }
    /* 调用数据服务器子程序 */
    DatagramServer( nPort);
    /* 结束 WinSock */
    WSACleanup( );
}
```

将以上代码在 VC6 环境下编译之后生成的 EXE 可执行程序在服务器运行。需要注意的是:链接所需要的 ws2_32.lib 库文件并不是默认包括在链接设置中,直接编译该源代码将产生链接错误。有两种办法进行配置可以确保程序正常编译链接生成所需要的 EXE 可执行程序:第一种办法可以在源代码中#include<winsock.h>声明后的下一行添加 #pragma comment(lib, "ws2_32.lib");第二种办法可以在 VC6 工程设置链接标签页中的库模块设置中加入 ws2_32.lib,如图 26-2 所示。

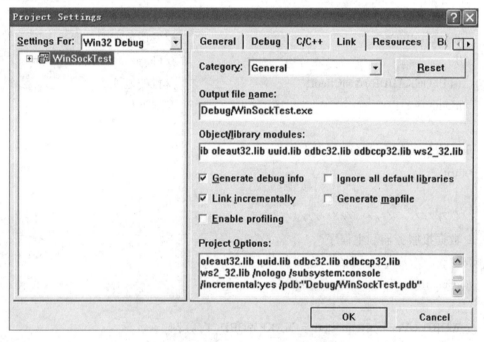

图 26-2   VC6 工程设置

将生成的可执行程序在服务器上运行。

4.编写 UDP 客户端程序并运行

请认真阅读分析以上服务端程序后,根据实验原理中介绍的内容(UDP 无连接 SOCKET 系统调用流程框图、无连接套接字 API 说明),在客户端编写相应的无连接客户端程序并运行,实现无连接服务器/客户机数据传输。本次实验由于要求使用无连接方式,建立套接字时,Socket 类型选择 SOCK_DGRAM,协议类型使用 IPPROTO_UDP。

运行客户机程序,如果服务器程序有数据返回,将会在客户机显示服务器返回的内容,同时服务器端将会显示客户机发送的内容。

5.查看监控机并解读 UDP 数据报内容

查看监控机端使用 SnifferPro 捕获到的 UDP 数据报,并根据在计算机网络理论课中学习的 UDP 数据报格式的相关知识进行分析。

六、实验总结

完成该实验后,需要从以下几个方面进行总结:

(1)UDP 操作接收数据所使用的 WSAStartup、WSACleanup、recvfrom、sendto 函数有什么作用? 每个函数的相关参数意义是什么?

(2)UDP 数据传输过程中如果因为网络环境差,而导致传输数据出现错误,如何应对?

(3)网络编程中错误处理的重要意义及一般方法。

(4)recvfrom、sendto 函数默认情况在阻塞模式下工作所表现出的特征。

实验二十七　使用 TCP 协议的可靠连接客户/服务器程序设计

一、实验目的

(1)进一步掌握 TCP 协议的工作原理。

(2)掌握基本的网络编程方法。

二、实验设备与环境

(1)安装 Windows 7 操作系统的 PC 机。

(2)安装 VS2017 微软集成开发环境。

(3)安装 SnifferPro 探嗅器。

三、实验内容

在 Windows 7 操作系统下,设计一个使用 TCP 协议建立可靠连接的客户/服务器系统,实现二者之间的数据传递,使用探嗅器查看 TCP 报文段格式及内容。

四、实验原理

1.本实验涉及的基本套接字系统调用

(1)创建套接字——socket( )

功能及参数意义见实验二十六的实验原理。

(2)指定本地地址——bind( )

功能及参数意义见实验二十六的实验原理。

(3)建立套接字连接——connect( )与 accept( )

connect( )与 accept( )这两个系统调用用于完成一个全相关的建立,其中 connect( )用于建立连接。无连接的套接字进程也可以调用 connect( ),但这时在进程之间没有实际的报文交换,调用将从本地操作系统直接返回。这样做的优点是程序员不必为每一个数据指定目的地址,而且如果收到的一个数据报,其目的端口未与任何套接字建立"连接",便能判断该端口不可操作。accept( )用于使服务器等待来自某客户进程的实际连接。

connect( )的调用格式如下:

int connect(SOCKET s,const struct sockaddr FAR ＊ name,int namelen);

参数说明:s:欲建立连接的本地套接字描述符;name:说明对方套接字地址结构的指针;对方套接字地址长度由 namelen 说明。

如果没有错误发生,connect( )返回 0;否则返回值 SOCKET_ERROR。在面向连接的协议中,该调用导致本地系统和外部系统之间建立实际连接。

由于地址族总被包含在套接字地址结构的前两个字节中,并通过 socket( )调用与某个协议族相关,因此 bind( )和 connect( )无须协议作为参数。

accept( )的调用格式如下:

SOCKET　accept(SOCKET s,struct sockaddr FAR * addr,int FAR * addrlen);

参数说明:s:本地套接字描述符,在用作 accept( ) 调用的参数前应该先调用 listen( );addr:指向客户方套接字地址结构的指针,用来接收连接实体的地址,addr 的确切格式由套接字创建时建立的地址族决定;addrlen:客户方套接字地址的长度(字节数)。如果没有错误发生,accept( )返回一个 SOCKET 类型的值,表示接收到的套接字的描述符;否则返回值 INVALID_SOCKET。

accept( )用于面向连接服务器。参数 addr 和 addrlen 存放客户方的地址信息。调用前,参数 addr 指向一个初始值为空的地址结构,而 addrlen 的初始值为 0;调用 accept( )后,服务器等待从编号为 s 的套接字上接收客户连接请求,而连接请求是由客户方的 connect( )调用发出的。当有连接请求到达时,accept( )调用将请求连接队列上的第一个客户方套接字地址及长度放入 addr 和 addrlen,并创建一个与 s 有相同特性的新套接字。新的套接字可用于处理服务器并发送请求。

4 个套接字系统调用,socket( )、bind( )、connect( )、accept( )可以完成一个完全五元相关的建立。socket( )指定五元组中的协议元,它的用法与是否为客户或服务器、是否面向连接无关。bind( )指定五元组中的本地二元,即本地主机地址和端口号,其用法与是否面向连接有关。在服务器方,无论是否面向连接,均要调用 bind( );在客户方若采用面向连接,则可以不调用 bind( ),而通过 connect( )自动完成。若采用无连接,客户方必须使用 bind( )以获得一个唯一的地址。

以上讨论仅对客户/服务器模式而言,实际上套接字的使用是非常灵活的,唯一需遵循的原则是进程通信之前,必须建立完整的相关。

(4)监听连接——listen( )

此调用用于面向连接服务器,表明它愿意接收连接。listen( )需在 accept ( )之前调用,其调用格式如下:

int listen(SOCKET s, int backlog);

参数说明:s 为标识一个本地已建立、尚未连接的套接字号,服务器愿意从它上面接收请求;backlog 为请求连接队列的最大长度,用于限制排队请求的个数,目前允许的最大值为 5。如果没有错误发生,listen( )返回 0;否则它返回 SOCKET_ERROR。

listen( )在执行调用过程中可为没有调用过 bind( )的套接字 s 完成所必须的连接,并建立长度为 backlog 的请求连接队列。

调用 listen( )是服务器接收一个连接请求的 4 个步骤中的第三步。它在调用 socket( )分配一个流套接字,且调用 bind( )给 s 赋于一个名字之后调用,而且一定要在 accept( )之前调用。

(5)数据传输——send( )与 recv( )

当一个连接建立以后,可以传输数据。常用的系统调用有 send( ) 和 recv( )。

send( ) 调用用于在参数 s 指定的已连接的数据报或流套接字上发送输出数据,格式如下：

    int send(SOCKET s, const char FAR * buf, int len, int flags)；

    参数说明：s：已连接的本地套接字描述符；buf：指向存有发送数据的缓冲区的指针，其长度由 len 指定；flags：指定传输控制方式，如是否发送带外数据等。如果没有错误发生，send()返回总共发送的字节数；否则它返回 SOCKET_ERROR。

    recv()调用用于在参数 s 指定的已连接的数据报或流套接字上接收输入数据，格式如下：

    int recv(SOCKET s, char FAR * buf, int len, int flags)；

    参数说明：s：已连接的套接字描述符；buf：指向接收输入数据缓冲区的指针，其长度由 len 指定；flags：指定传输控制方式，如是否接收带外数据等。如果没有错误发生，recv()返回总共接收的字节数，如果连接被关闭，返回 0；否则它返回 SOCKET_ERROR。

    (6)关闭套接字——closesocket()

    功能及参数意义见实验二十六的实验原理。

2.面向连接协议的 SOCKET 系统调用流程

    用于面向连接协议(如 TCP)的 SOCKET 系统调用流程如图 27-1 所示。

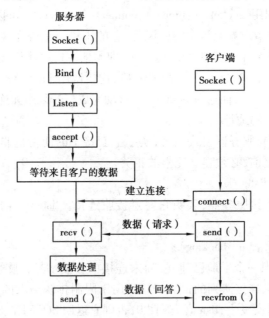

图 27-1　用于面向连接协议的 SOCKET 系统调用流程图

五、实验步骤

1.检查网络配置

    内容同实验二十六。

2.启动监控机

内容同实验二十六。

3.启动服务器

本实验提供如下简单的 TCP 客户/服务器程序的服务端实例代码作为参考,注意套接字、发送接收数据等操作所使用的 API 和处理过程。

```c
#include <PROCESS.H>
#include <windows.h>
#include <winsock.h>
#include <stdio.h>
#define SERV_TCP_PORT 6000              /*服务器进程端口号,视具体情况而定*/
#define SERV_HOST_ADDR "192.168.1.10"    /*服务器 IP,视具体情况而定*/
int sockfd;
////////////////////////////////////////////////////////////////////////
//线程用来处理客户端的请求                                               //
//服务器主进程每与某客户端建立一个连接,便启动一个新的线程来处理          //
//客户端的请求,参数为服务器与该客户端的连接点:socket                     //
////////////////////////////////////////////////////////////////////////
DWORD ClientThread( void  * pVoid)
{
    int nRet;
    char szBuf[1024];
    memset( szBuf, 0, sizeof( szBuf));
    /*接收来自客户端的数据信息*/
    nRet = recv(( SOCKET )pVoid,              //与客户端连接的 socket
      szBuf,                                  //接收缓冲区
      sizeof( szBuf),                         //缓冲区长度
      0);                                     //Flags
/*错误处理*/
if ( nRet == INVALID_SOCKET)
{
        printf("recv()");
        closesocket( sockfd);
        closesocket(( SOCKET)pVoid);
        return 0;
}
/*显示接收到的数据*/
printf("\nData received:%s\n", szBuf);
```

```
     /*发送数据给客户端*/
     strcpy(szBuf, "From the Server");                //发送内容
     nRet = send((SOCKET)pVoid,                        //与客户端连接的 socket
         szBuf,                                        //数据缓冲区
         strlen(szBuf),                                //数据长度
         0);                                           //Flags
     /*结束连接,释放 socket*/
     closesocket((SOCKET)pVoid);
     return 0;
}
/////////////////////////////////////////////////////////////
//服务器主程序:                                              //
//在一个自定义的端口上等待客户的连接请求                        //
//有请求到来时建立与客户端的连接,并启动一个线程处理该请求        //
/////////////////////////////////////////////////////////////
int main()
{
    int clilen;
    int pHandle=-1;
    struct sockaddr_in serv_addr;
    SOCKET          socketClient;
    DWORD           ThreadAddr;
    HANDLE          dwClientThread;
    SOCKADDR_IN     SockAddr;
    /*初始化 Winsock API,即连接 Winsock 库*/
    WORD wVersionRequested = MAKEWORD(1, 1);
    WSADATA wsaData;
    if (WSAStartup(wVersionRequested, &wsaData)) {
        printf("WSAStartup failed %s\n", WSAGetLastError());
        return -1;
}
    /*打开一个 TCP SOCKET*/
    if((sockfd=socket(AF_INET, SOCK_STREAM,0))<0)
        printf("server:can't open stream socker\n");
    /*绑定本地地址,以便客户端连接*/
    memset((char *)&serv_addr,0,sizeof(struct sockaddr_in));
    serv_addr.sin_family=AF_INET;
    serv_addr.sin_addr.s_addr=htonl(INADDR_ANY);
    serv_addr.sin_port=htons(SERV_TCP_PORT);
```

```
if( bind( sockfd , ( struct sockaddr * )&serv_addr , sizeof( serv_addr ) )<0)
    printf( "server: can't bind local address" ) ;
/* 设置服务器的最大连接数为 15 */
listen( sockfd ,5) ;
/* 循环等待来自客户端的连接请求 */
while( 1 )
{
    /* 阻塞等待一个请求的到来 */
    clilen = sizeof( SOCKADDR_IN ) ;
    socketClient = accept( sockfd ,
      ( LPSOCKADDR )&SockAddr ,
      &clilen ) ;
      /* 出错处理 */
      if ( socketClient = = INVALID_SOCKET )
      {
            printf( "accept failed! \n" ) ;
            break ;
      }
      /* 打印已建立的连接信息 */
      printf( "Connection accepted on socket:%d from:%s\n" ,
            socketClient ,
            inet_ntoa( SockAddr.sin_addr) ) ;
      /* 启动一个新线程处理该请求 */
      dwClientThread  = CreateThread( NULL ,
          0 ,
          ( LPTHREAD_START_ROUTINE )&ClientThread ,
          ( void * )socketClient ,
          0 ,
          &ThreadAddr ) ;
      /* 错误处理 */
      if( ! dwClientThread )
          printf( "Cannot start client thread..." ) ;
      /* 线程建立以后,主程序里不再使用线程 handle,将其关闭,但线程继续运行 */
      CloseHandle( ( HANDLE )dwClientThread ) ;
    }
    /* 结束 windows sockets API */
    WSACleanup( ) ;
    return 0 ;
}
```

4.编写 TCP 客户端程序并运行

请认真阅读分析以上服务端程序后,根据实验原理中介绍的内容(TCP 可靠连接 SOCKET 系统调用流程框图、API 说明),在客户端编写相应的可靠连接客户端程序并运行,实现可靠连接服务器/客户机数据传输。本次实验由于要求使用可靠连接方式,建立套接字时,Socket 类型选择 SOCK_STREAM,协议类型使用 IPPROTO_TCP。

5.查看监控机并解读 TCP 报文内容

查看监控机端使用 SnifferPro 捕获到的 TCP 报文,并根据在计算机网络理论课中学习的 TCP 数据包格式的相关知识进行分析。

六、实验总结

完成该实验后,需要从以下几个方面进行总结:

(1)在计算机网络理论课中介绍过套接字,通过实验,你对套接字有何更深入的认识?

(2)recv 和 recvfrom、send 和 sendto 函数的相关参数的意义是什么? 区别是什么?

(3)网络编程中错误处理的重要意义及一般方法。

参考文献

［1］谢希仁.计算机网络［M］.7 版.北京:电子工业出版社,2017.

［2］钱德沛,张力军.计算机网络实验教程［M］.2 版.北京:高等教育出版社,2017.

［3］Michael J.Donahoo,Kenneth L.Calvert.TCP/IP Sockets 编程（C 语言实现）［M］.
2 版.陈宗斌,等译.北京:清华大学出版社,2009.